Electrical Circuit

만화로 쉽게 배우는 전기회로

저자 / 이이다 요시카즈(飯田 芳一)

BM (주)도서출판 **성안당**
일본 옴사 · 성안당 공동 출간

만화로 쉽게 배우는 **전기회로**

Original Japanese edition
Manga de Wakaru Denki Kairo
By Yoshikazu Iida and g.Grape (Former Pulse Creative House)
Copyright © 2010 by Yoshikazu Iida and g.Grape (Former Pulse Creative House)
Published by Ohmsha, Ltd.
This Korean Language edition co-published by Ohmsha, Ltd.
and Sung An Dang, Inc.
Copyright © 2011~2025
All right reserved.

머리말

　전기에 대해 배우려고 하는 사람들에게 전기회로는 가장 먼저 만나는 난관이라고 할 수 있습니다. 이 관문을 뛰어넘지 않고서는 다음 단계인 발전이나 송전, 전자회로 등을 이해하기 어렵게 됩니다. 그러나, 전기회로를 공부하려고 해도 수학과 공식으로 가득 찬 내용에 포기해 버리는 경우가 많습니다.

　이 책은 전기회로를 배우고 싶어 하는 분들이 가능한 즐겁게 이해할 수 있도록 해야겠다는 생각으로 제작했습니다. 휴즈와 코스모 콤비가 패럴렐 월드라는 가상세계 속에서 직류회로부터 교류회로, 발전·송전까지 여러 가지 전기회로 문제에 도전해 가면서 차례로 레벨 업(level-up)해 갑니다. 여러분도 꼭 함께 고민하여 문제를 해결하는 기쁨을 맛보면서 두 사람에게 지지 않도록 레벨 업해주면 좋겠습니다.

　이 책을 읽는 분중 한 사람이라도 전기회로를 깊이 이해하여 한층 더 흥미를 갖는다면 전기 관계에 종사해 온 한 사람으로서 가장 기쁠 것입니다. 그리고, 이 전기회로라는 최초의 난관을 뛰어넘으면 패럴렐 월드의 끝에 있는 더욱 즐겁고 훌륭한 전기 기술의 세계인 스마트 그리드나 우주태양광 발전의 세계에도 도전해 주세요.

　마지막으로 이 책의 제작에 관계된 그림을 담당한 야마다 가레키 씨, 제작을 담당한 펄스 크리에이티브 하우스 직원 여러분, 그리고 이 책을 집필할 기회를 주신 옴사 개발국 직원 여러분 및 관계자 여러분께 깊이 감사 드립니다.

Iida Yoshikazu

C·O·N·T·E·N·T·S

차례

프롤로그 1

제1장
전기란 무엇일까?

1. 전기의 정체	10
원자핵과 전자	19
정전유도	19
2. 전기가 하는 일	21

제2장
직류회로

1. 직렬회로	28
모식도와 회로도	39
2. 병렬회로	40
모식도와 회로도	40
3. 옴의 법칙	41
기본 중의 기본「옴의 법칙」	41
회로도와 풀이법	42
마스터 요타의 포스 업 강좌① 합성저항	43
4. 등가회로	56
마스터 요타의 포스 업 강좌② 등가회로의 사고방식	58
5. 키르히호프의 법칙	60
전기회로 이론의 기초	60

Follow up

전력량 / 73   컨덕턴스 / 73
휘트스톤 브리지 / 73   중첩의 정리 / 74

제3장
교류회로

1. 전자유도	76
2. 정현파교류	81

3. 평균치·실효치	83
실효치 사고방식	93
실효치를 구하는 법	94
실효치의 정의	94
마스터 요타의 포스 업 강좌③ 벡터·복소수	96
벡터·복소수의 정리	100
4. 인피던스와 어드미턴스	101
인덕턴스	113
유도 리액턴스	115
정전용량	117
용량 리액턴스	118
5. 벡터와 위상차	121
6. 교류전력	135
교류전력을 나타내는 법	145
전력과 인피던스와 역률의 관계	148
전력의 벡터 표시	149
마스터 요타의 포스 업 강좌④ 교류전력	151

Follow up

공진회로	157
테브난의 정리	157

제4장

삼상교류회로

1. 삼상교류의 이점	162
삼상교류가 사용된 이유	164
2. 삼상교류의 접속	165
성형과 환상형	165
3. 삼상교류를 벡터로 생각한다	166
벡터 오퍼레이터	166
전선이 3개인 이유	167
4. Y와 △가 만드는 삼상교류	168
Y결선과 △결선	168
Y-Y결선과 Y-△결선	169

가장 간단한 △전원	179
5. 삼상교류의 전력	181
🧑 마스터 융의 포스 업 강좌⑤ 삼상교류	188

Follow up
회전자계	194
인버터	196

제5장 발전·송전

👴 마스터 요타의 포스 업 강좌⑥ 발전·송전	202

Follow up
스마트 그리드	209
마이크로파 송전기술	210
초전도기술	210
우주태양광발전	211
핵융합발전	212
연료전지	213
태양광발전	213
풍력발전	213
히트펌프	215
LED 조명	215
전력선 인터넷	215

👴 마스터 요타의 포스 업 강좌⑦ 전기회로 용어	217
기초편	217
실용편	218
그리스 문자	219
전기회로의 단위	220
전기회로의 그림 기호	221

에필로그	223
찾아보기	228

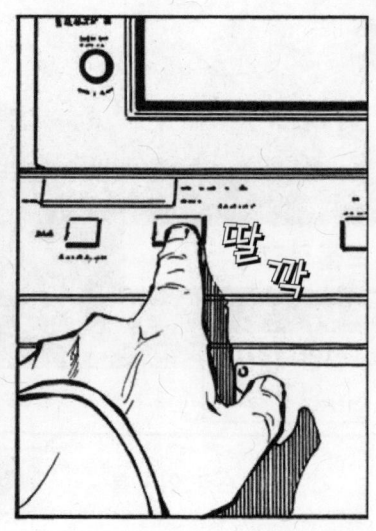

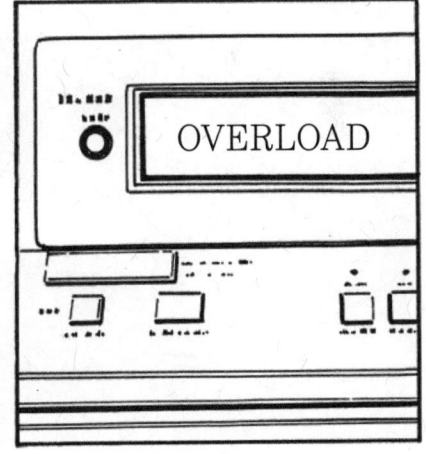

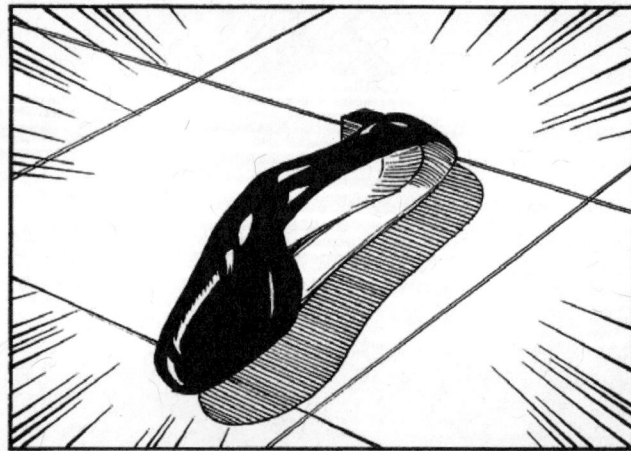

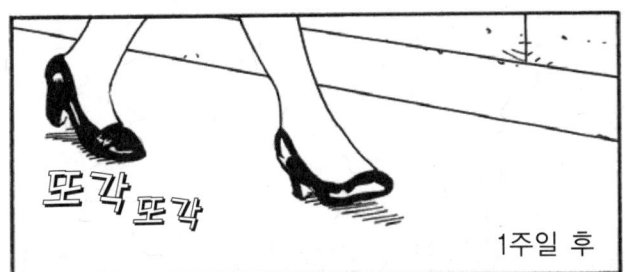

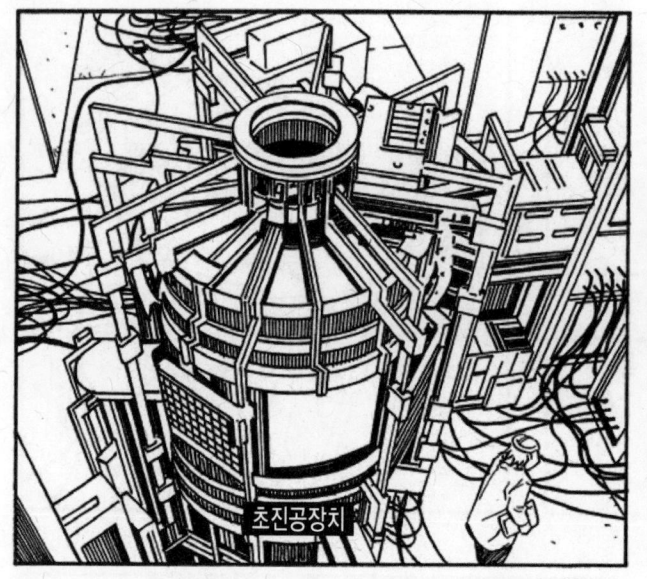

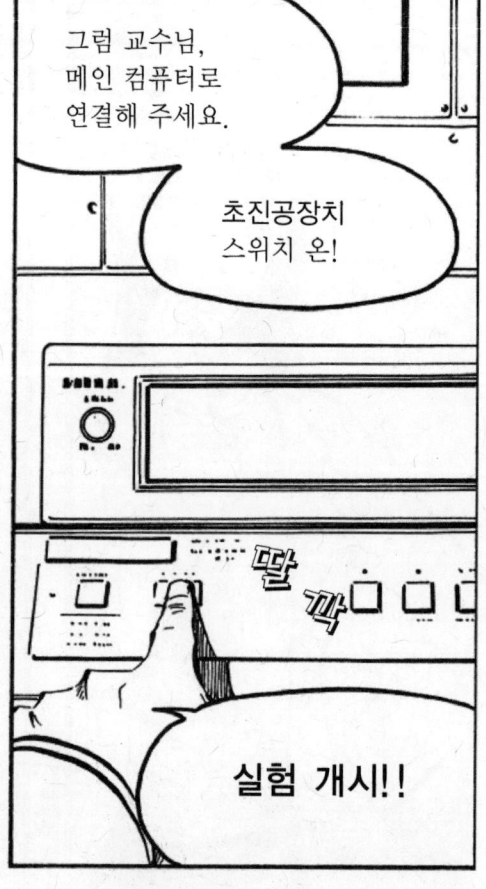

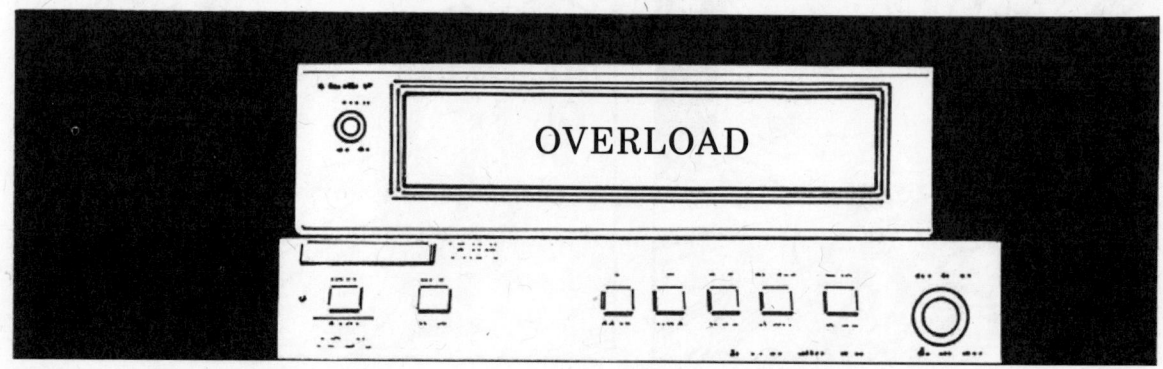

만화로 쉽게 배우는 전기회로

CHAPTER 01

전기란 무엇일까?

1. 전기의 정체
2. 전기가 하는 일

1. 전기의 정체

제1장 전기란 무엇일까?

● 원자핵과 전자

 전기가 「자유전자의 흐름」인 것은 알고 있지? 물질은 이 경우 철로 생각하면, 전부 원자로 되어 있어. 원자의 구조는 알아?

 아아, 알고 있어. 원자핵과 전자지.

 그래. 원자핵은 양성자와 중성자로 이루어져 있고, 양성자는 플러스 전기를 띠고 있어.

 그리고 원자핵의 주변을 전자가 둘러싸고 있지?

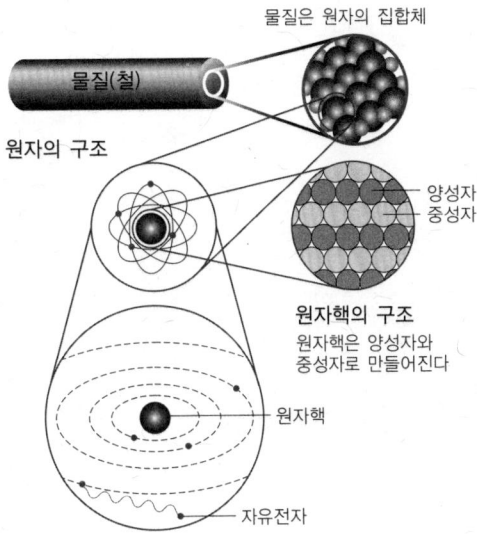

 그래, 그 중에서도 가장 외측을 둘러싸고 있는 전자는 궤도에서 떨어지기 쉬워서, 이것이 자유 전자가 되는 거야. 자유전자가 이동하면 전기가 흘러.

 그 정도는 알고 있다고.

● 정전유도

 조금 겸손할 수 없니? 무슨 일이든 기본이 중요하니까, 더 이상 자만하지 말아줘.
딱 좋아! 여기에 수지판이 있어. 모피도 있고. 수지를 모피로 문지르면 전기가 대전한다. 이 정전유도의 구조가 콘덴서의 근본이 되고 있어.

 그래! 알고 있다고.

 어머, 나는 처음 듣는 거야. 이것은 휴즈만이 아니라, 날 위해서도 얘기해 준 거지?

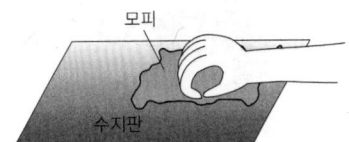
모피로 수지판을 문지른다.

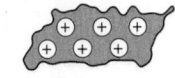

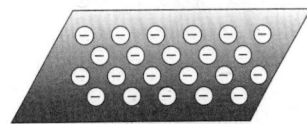
모피가 플러스, 수지가 마이너스로 대전한다.

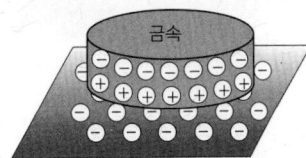
마이너스로 대전한 수지 위에 금속을 놓으면 수지의 가까운 쪽은 플러스, 반대쪽은 마이너스로 대전한다.

2. 전기가 하는 일

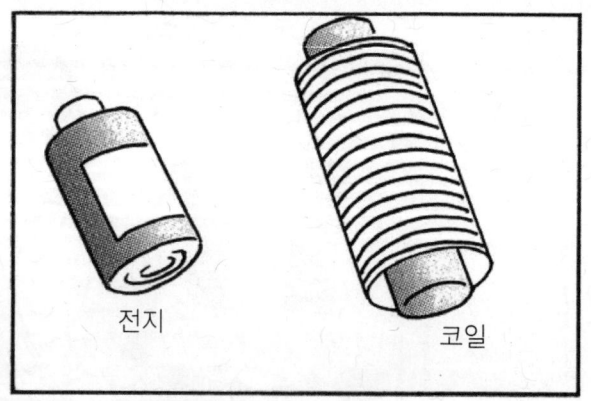

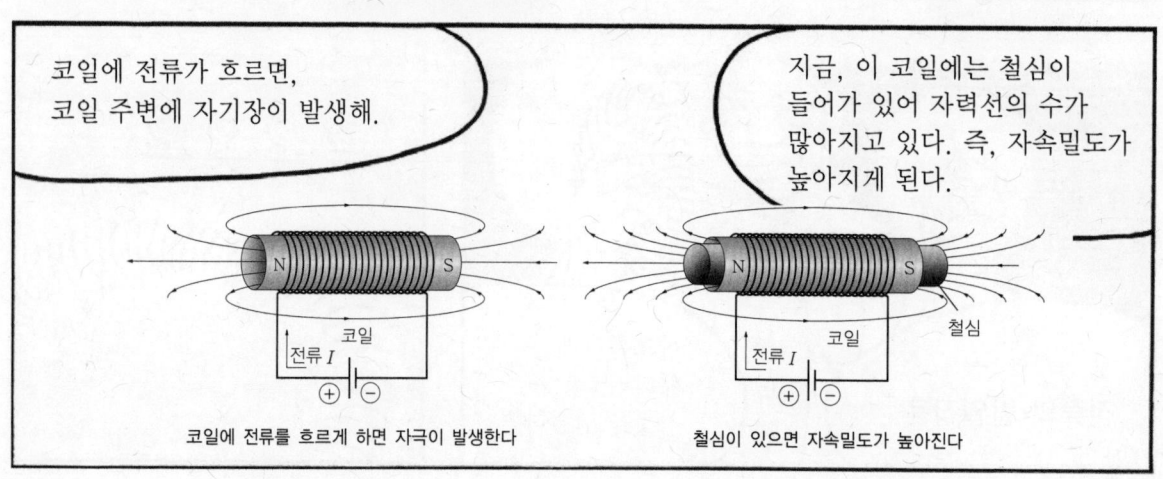

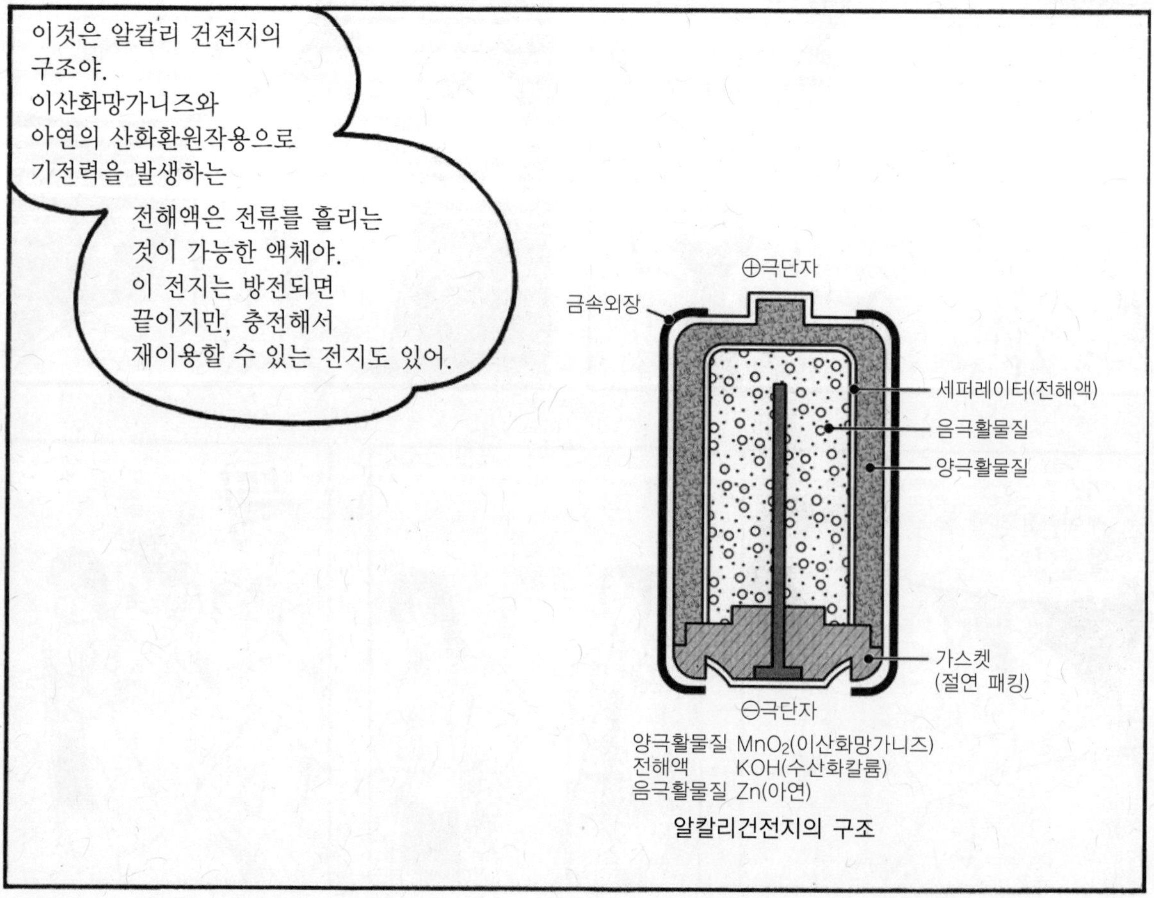

만화로 쉽게 배우는 전기회로

CHAPTER 02

직류회로

1. 직렬회로
2. 병렬회로
3. 옴의 법칙
4. 등가회로
5. 기르히호프의 법칙

1. 직렬회로

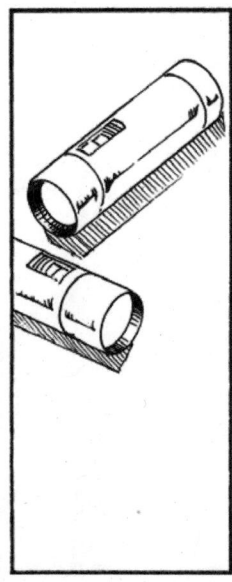

제2장 직류회로　35

제2장 직류회로

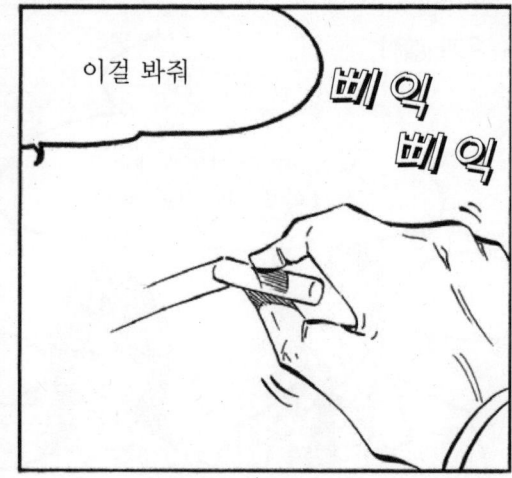

● 모식도와 회로도

이 그림은 두 전구를 밝히는 구조를 모식도와 회로도로 나타낸 것이다. 이러한 전기의 통로를 전기회로, 혹은 간단히 회로라고 부르고 있어.
전지를 전원, 전구와 같이 전기의 공급을 받아 일을 하는 것을 부하, 스위치와 같이 전류를 컨트롤하는 것을 제어장치라고 해. 그리고, 그것들을 연결시키는 길을 배선이라고 하지.
직렬회로는 전류의 루프가 한 개뿐인 심플한 것이야. 지금까지 만든 회중전등도 그렇지만, 지금 만들고 있는 선풍기도 기본적으로는 직렬회로로 만들고 있잖아.

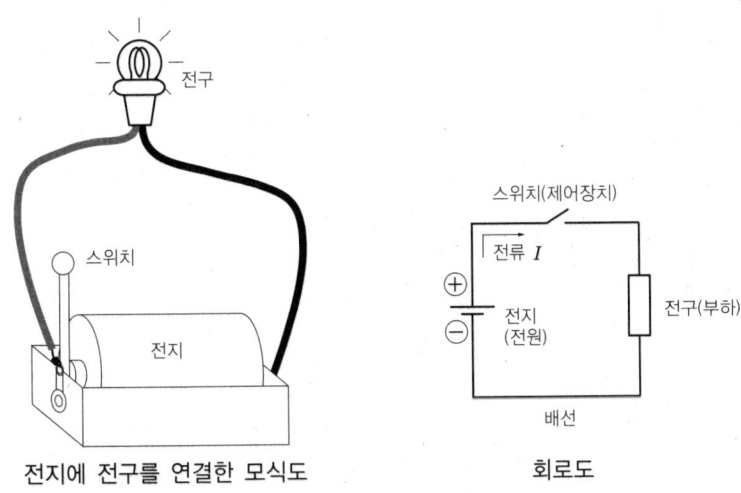

전지에 전구를 연결한 모식도   회로도

다음으로, 이 회로에 전구를 하나 더 연결해 보자.

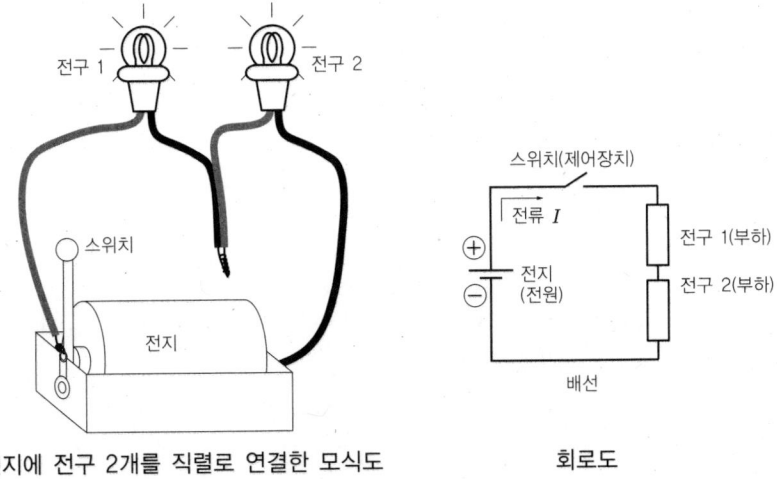

전지에 전구 2개를 직렬로 연결한 모식도   회로도

제2장 직류회로　39

앗! 전구가 어두워졌다!

 알아냈어! 직렬로 연결하면 전류 I가 적어지기 때문이지.

 좋아. 그럼 나중에 코스모에게 그 이유를 설명해 봐.

2. 병렬회로

● 모식도와 회로도

 다음으로, 이 회로를 좀 바꿔 보자.

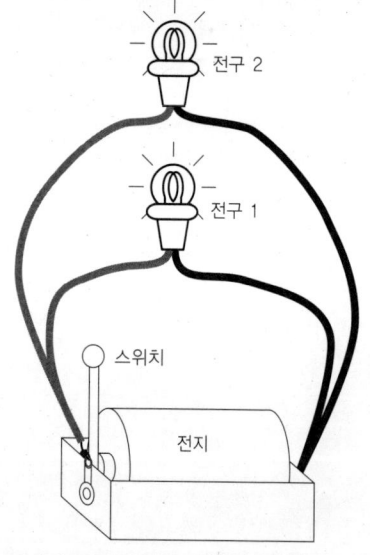

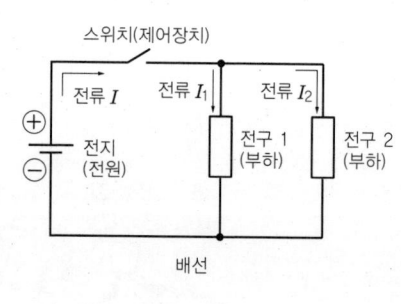

전지에 전구 2개를 병렬로 연결한 모식도   회로도

 전구의 밝기가 원래대로 돌아왔다!

 응. 이 연결법을 병렬회로라고 해. 이 회로에는 전류의 루프가 2개 있어. 휴즈, 이것도 코스모에게 설명할 수 있겠지?

 물론! 자세하게는 이후에 설명하겠지만, 병렬로 연결하면 전류 I는 커져.

3. 옴의 법칙

● 기본 중의 기본 「옴의 법칙」

알겠어? 코스모. 전압, 전류, 저항의 사이에는 『옴의 법칙』이라고 하는 일정한 규칙적인 관계가 있어. 즉, 『전류의 크기는 전압의 크기에 비례하고 저항의 크기에 반비례한다』는 것이야.

$$E=IR \quad I=\frac{E}{R} \quad R=\frac{E}{I}$$

이것이 『옴의 법칙』이야. 그래서, 좀전의 직렬회로에서 전압을 1[V], 저항을 10[Ω]으로 해서 흐르는 전류를 계산하면,

$$I=\frac{E}{R} \text{ 이니까, } \frac{1}{10}=0.1[A]$$

이 돼. 다음으로, 전구 2개를 직렬로 연결한 회로는 전구 2개를 1개의 저항으로 생각해서 계산해야 해. 그러면,

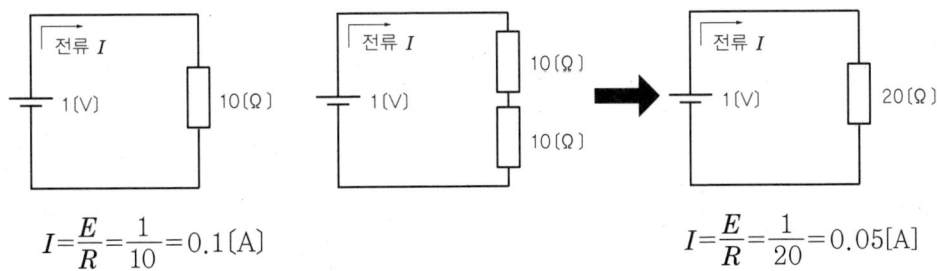

$$I=\frac{E}{R}=\frac{1}{10}=0.1[A] \qquad I=\frac{E}{R}=\frac{1}{20}=0.05[A]$$

이 돼.
흐르는 전류가 반이 되겠지? 그래서 전구가 어두워진 거야.

그럼 여기의 병렬회로는?

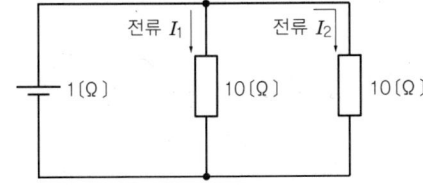

● 회로도와 풀이법

이 경우, 전류에는 I_1과 I_2 2개의 길이 있지만, 어느 쪽이라도 같은 전압과 저항의 값이기 때문에, I_1과 I_2 각각의 전류는 0.1(A)가 된다. 그래서, 회로 전체에 흐르는 전류는

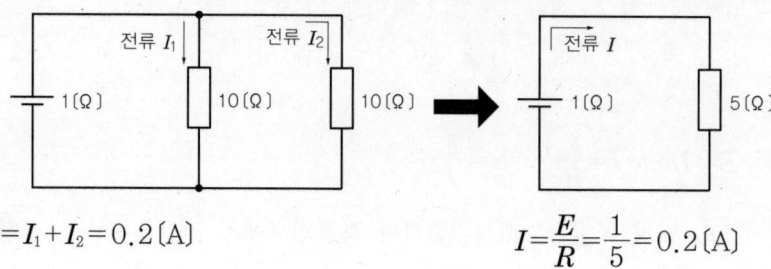

$$I = I_1 + I_2 = 0.2 (A)$$

가 된다.

$$R = \frac{E}{I}$$

그러므로, 전체의 저항은

$$\frac{1}{0.2} = 5 (\Omega)$$

가 되지. 어때? 할아버지.

마스터 요타라고 불러! 어쨌든 두 사람 다 잘 이해하고 있군. 휴즈의 레벨은 3, 코스모의 레벨은 2정도일까?

할아버지!…가 아니라 마스터 요타, 뭐에요? 그 레벨 2라든가 3이라는 게.

신경쓰지 마. 내가 정한 너희들의 포스 레벨이야.

마스터 요타의 포스 업 강좌①
합성저항

 휴즈도 꽤 하는군. 여기에서 연습문제를 풀어봐. 다음 회로의 합성저항을 구하시오.

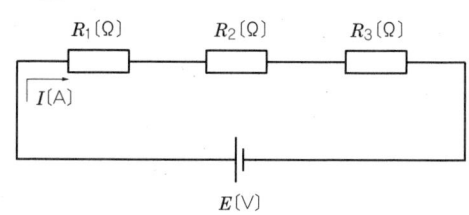

 이것은 간단해!
$$R = R_1 + R_2 + R_3$$
여기서 합성저항이 나와요.

 음. 정확히 이해했군. 다음은 이거야.

 어! 이것은?

 저항이 3개가 되면 포기하는 거야?

 좀 기다려요! 생각 좀 하게!
전압과 여기에 흘러드는 전류는 모두…, 그리고 여기서부터 흘러나오는 전류도 모두…

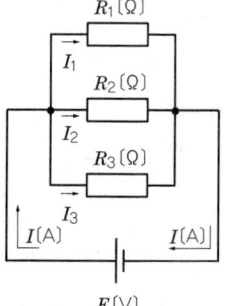

 저기, 이런 거? 이렇게 하면,
$$E = R_1 I_1 = R_2 I_2 = R_3 I_3$$
$$I = I_1 + I_2 + I_3$$
이 되는 거네.

 과연! 합성저항을 R_0라고 하면, 옴의 법칙에서,
$$I = \frac{E}{R_0}$$ 이기 때문에,

$$I_1 = \frac{E}{R_1},\ I_2 = \frac{E}{R_2},\ I_3 = \frac{E}{R_3},\ I = \frac{E}{R_1} + \frac{E}{R_2} + \frac{E}{R_3}$$ 이 된다. 그러면…

 이 식을 E로 묶으면,

$$I = E\left(\frac{1}{R_1} + \frac{1}{R_2} + \frac{1}{R_3}\right)$$ 이 돼!

 즉, $I = \frac{E}{R_0}$ 이기 때문에

$$\frac{1}{R_0} = \frac{1}{R_1} + \frac{1}{R_2} + \frac{1}{R_3}$$ 이야!

 이것을 바꿔 쓰면,

$$R_0 = \frac{R_1 R_2 R_3}{R_1 R_2 + R_2 R_3 + R_3 R_1}$$ 이네!

 이야~ 코스모 꽤 잘하는구나. 매우 정확해!
그러면, 이 문제도 이제 알겠지?

문제 3

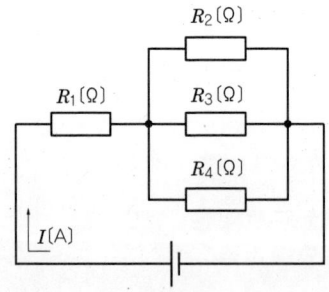

 알아요! 이 병렬접속의 경우를 치환해서… R_1과 R_0를 더하면, 이 회로의 합성저항이 돼요!

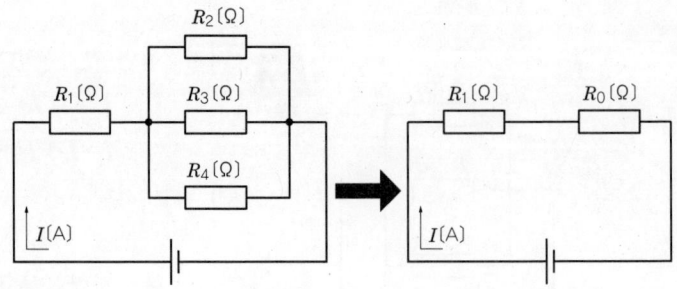

 좋아! 휴즈의 레벨은 4, 코스모의 레벨은 3으로 하자!

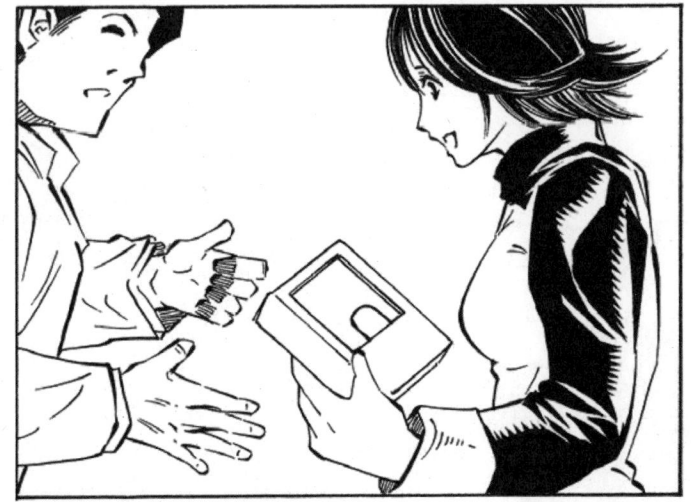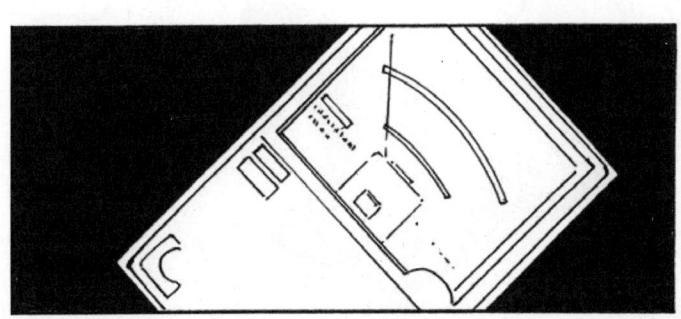

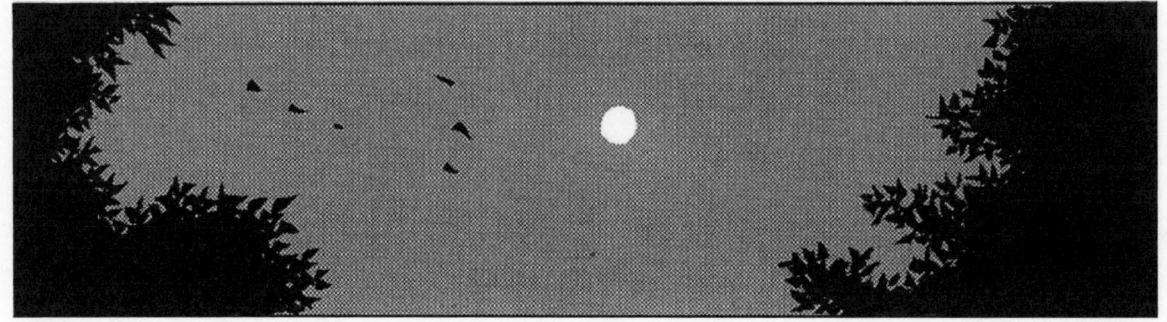

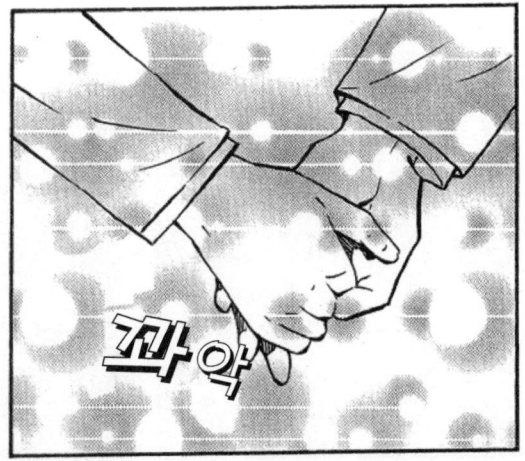

4. 등가회로

마스터 요타의 포스업 강좌②
등가회로의 사고방식

등가회로도 끝까지 파고들면 합성저항을 구하는 것과 같아. 그러니까, 휴즈가 말하는 것은 맞아. 하지만, 회로적으로는 꽤 까다로운 것도 있어. 예를 들면 이거야.
이 병렬회로를 등가회로로 나타내 봐.
단, 저항은 모두 $R(\Omega)$로 상관없어.

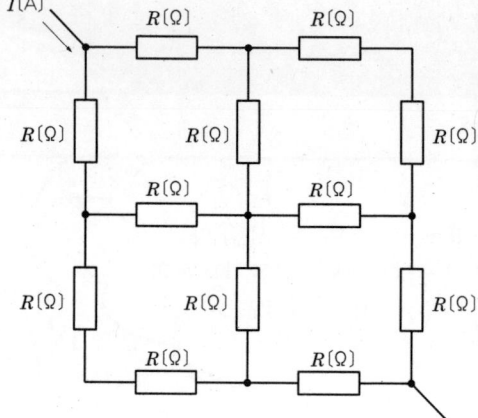

오우! 맡겨줘요. 먼저, 각 접점에 기호를 매긴다. 그리고, 전류 I의 변화를 본다.

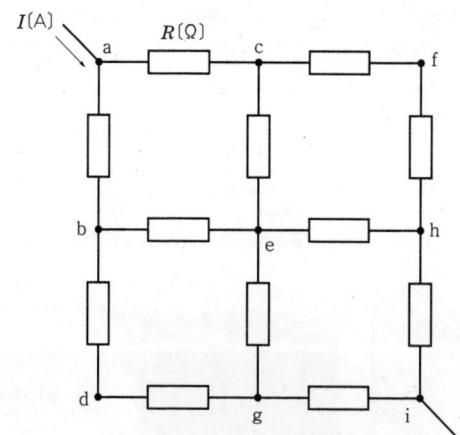

접점을 알도록 기호를 붙인다

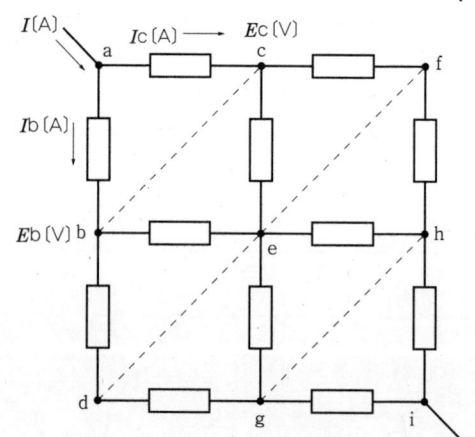

같은 전위차의 지점을 점선으로 연결하면…

저항은 모두 같은 값이기 때문에, b점, c점으로 흘러 들어가는 전류를

$$I_b = I_c$$

이라고 하면, b점, c점의 전압도 같게 된다. 즉,

$$E_b = E_c$$

와 같이 생각하면,

$$E_b = E_e = E_f, \quad E_g = E_h$$

가 된다.

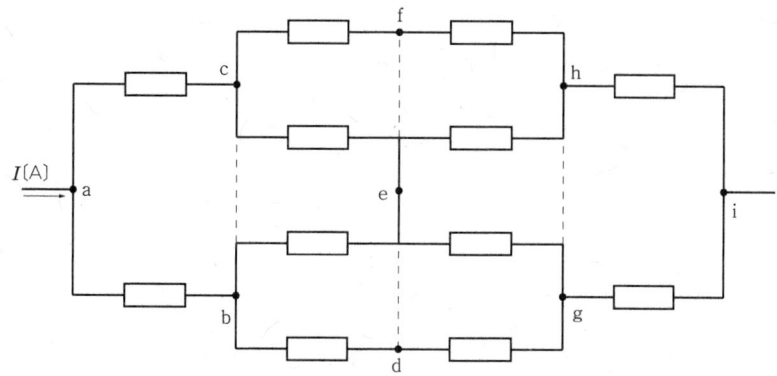

전위차가 같은 곳은 전선으로 연결해도 전류는 흐르지 않으므로…

 같은 전위차라면 거기는 전선으로 연결되지 않아도 상관없어! 최종적인 등가회로는 이렇게 되는 거야.

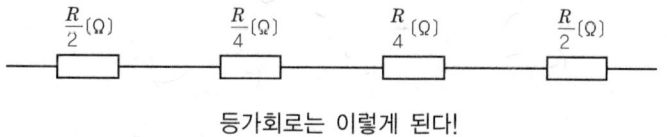

등가회로는 이렇게 된다!

 코스모는 바로 이해하는 구나.
휴즈의 레벨은 5, 코스모도 레벨 5로 레벨 업(level-up)이야.

5. 키르히호프의 법칙

● 전기회로 이론의 기초

그럼, 다음은 키르히호프의 법칙이야. 회로 계산에서는 가장 도움이 되는 법칙 중의 하나야. 이것을 이해하고 있으면, 어떤 회로가 와도 괜찮아. 휴즈, 이 회로의 합성저항을 알겠어?

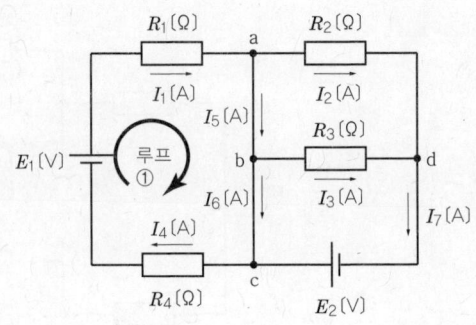

…?*!… 안되네. 옴의 법칙을 사용할 수 없어!

이 회로는, 옴의 법칙의 직렬회로인 합성저항식으로는 풀 수 없어. 이럴 때는 키르히호프의 법칙을 사용하면 간단하게 구할 수 있어. 키르히호프의 법칙은 2개의 법칙으로 성립되어 있어. 제1법칙은 전류보존의 법칙이라고 해서, 『전기회로의 어느 한 점에 흘러 들어가는 전류의 총합은, 거기서부터 흘러나오는 전류의 총합과 같다』라고 하는 것. 제2법칙은 전압강하의 법칙이라고 해서, 『같은 회로 내의 기전력의 합과, 부하로 소비되는 전압의 합은 같다』라는 것이다. 그림을 봐줘. 여기에서, 점 a에 대해 생각해보자. 휴즈, 여기에서의 전류는 어떻게 되지?

$I_1 = I_2 + I_5$인가요?

음. 그럼 코스모, 점 b에서는 어떻게 될까?

$I_5 = I_3 + I_6$라고 생각하는데요.

코스모는 역시 머리 회전이 빠르구나. 그럼 다음은 전압에 관해서야. 왼쪽 반의 폐회로에서 생각해 봐. 전류와 전압의 방향은 그림의 루프 ①의 방향과 같다고 하자.

그럼, 왼쪽 반에 있는 부하는 R_1과 R_4이기 때문에, 각각에 흐르는 전류는, I_1과 I_4가 되고, 각각의 전압은, $R_1 I_1$과 $R_4 I_4$가 되는 거네. 즉, $R_1 I_1 + R_4 I_4$가 E_1과 같다.

잘했어! 이 정도면 괜찮지 않겠어? 자, 전기관으로 쳐들어 가자!

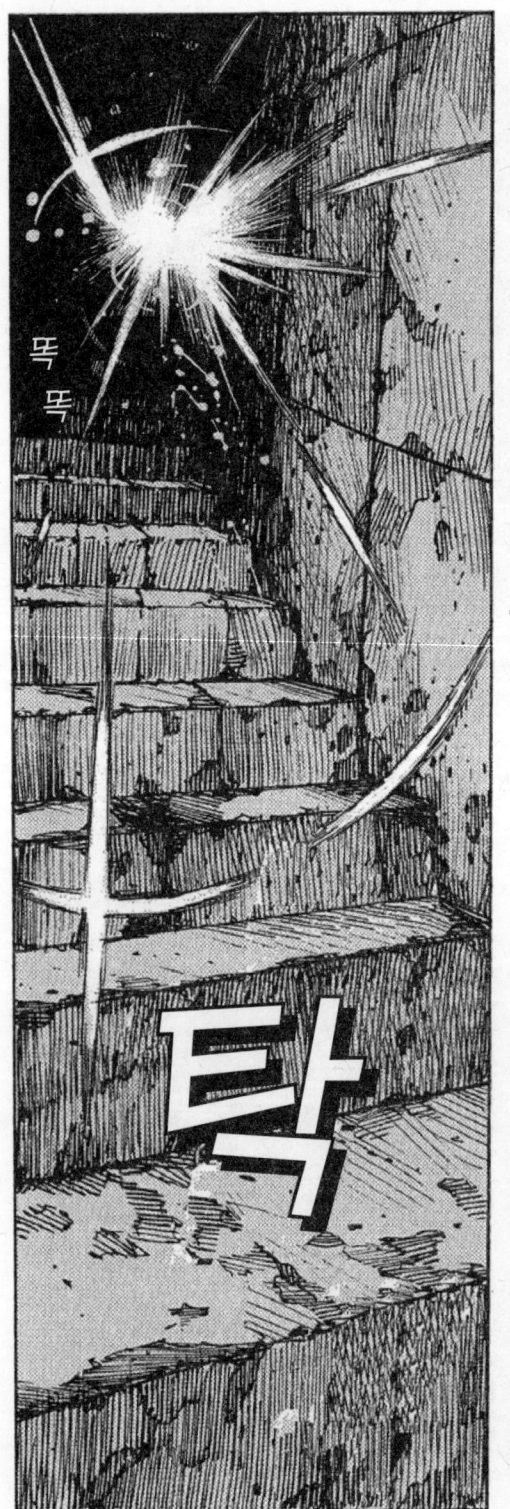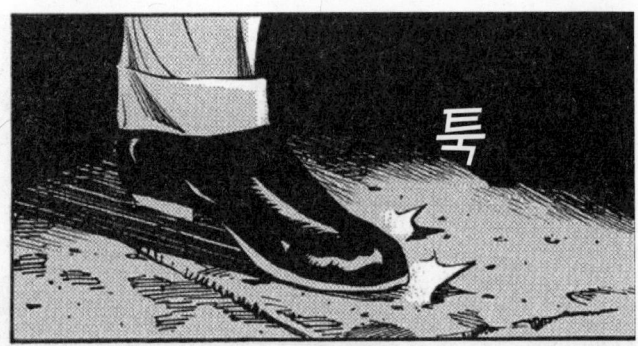

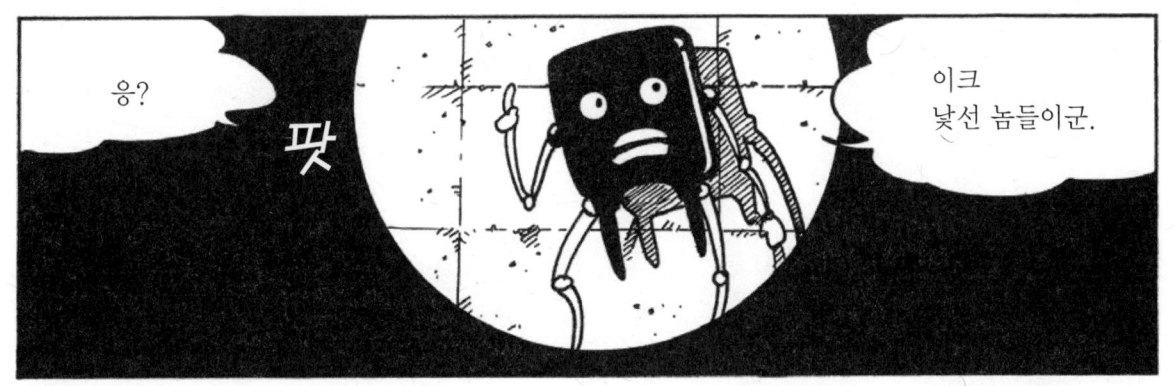

제2장 직류회로

문제는 이거네. 전류 I_1, I_2, I_3를 구할 수 있네. 푸는 방법은 여러 가지지만, 가장 알기 쉬운 것으로 할게. 이 그림에서 2개의 루프를 보완해서 쓰기만 하면 돼. 점 A에서 키르히호프의 법칙을 사용하면, 전류는

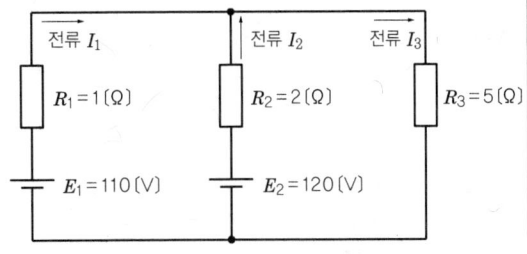

$$I_1 + I_2 = I_3$$

루프 ❶을 전압으로 생각하면, A점에서는 I_2도 E_2도 루프 ❶로 향하는 것이 틀림없기 때문에 마이너스네, 그러므로

$$I_1 R_1 - I_2 R_2 = E_1 - E_2$$

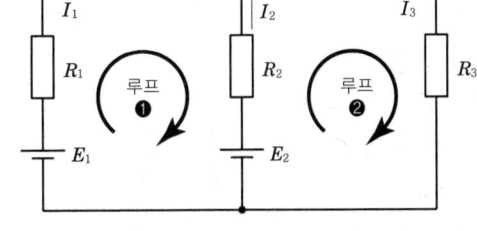

다음으로 루프 ❷로 생각하면, I_2도 I_3도 루프 ❷와 같은 방향이기 때문에,

$$I_2 R_2 + I_3 R_3 = E_2$$

가 되는 거야.

 좋아! 코스모!

 이것을 알기 쉽게 쓰면,

$$I_1 + I_2 = I_3 \cdots\cdots\cdots\cdots ①$$
$$I_1 R_1 - I_2 R_2 = E_1 - E_2 \cdots\cdots ②$$
$$I_2 R_2 + I_3 R_3 = E_2 \cdots\cdots\cdots ③$$

R_1, R_2, R_3는 각각 1(Ω), 2(Ω), 5(Ω), E_1와 E_2는 각각 110(V)와 120(V)이기 때문에 이것을 ②식에 대입하면,

$$I_1 - 2I_2 = 110 - 120 = -10$$
$$I_1 = 2I_2 - 10 \cdots\cdots\cdots\cdots ④$$

제2장 직류회로

③식은,
$$2I_2 + 5I_3 = 120 \cdots\cdots\cdots ⑤$$

이 돼. 여기에서, ①식부터
$$I_3 = I_1 + I_2$$

따라서, 이것을 ⑤식에 대입하면,
$$2I_2 + 5(I_1 + I_2) = 120$$
$$7I_2 + 5I_1 = 120 \cdots\cdots\cdots ⑥$$

④식과 ⑥식에 대입하여
$$7I_2 + 5(2I_2 - 10) = 120$$

이것을 풀면
$$17I_2 - 50 = 120$$
$$17I_2 = 120$$
$$I_2 = 20$$

I_1은 ④식에 의해
$$I_2 = 2 \times 10 - 10 = 10$$
$$I_1 = 10$$

I_3는 ①식에 의해
$$I_3 = 10 + 10 = 20$$
$$I_3 = 20$$

답은 $I_1 = 10$ [A], $I_2 = 10$ [A], $I_3 = 20$ [A] 이야!

이 회로에 흐르는 전류 I_1을 구해. 전지의 내부 저항은 생각하지 않아도 돼.

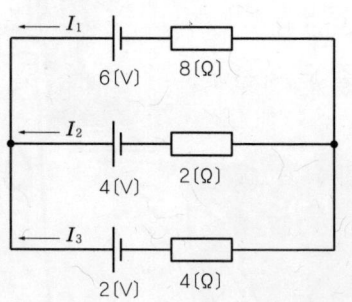

 휴즈, 네 차례야.

 음….

 너, 설마 모르는 거야?

 으음. 이 그림도 A점과 루프 ❶과 루프 ❷를 보완해서, 키르히호프의 법칙을 사용해서 풀어요.

A점에서 전류를 생각한다. 여기서부터 흘러나오는 전류는 없기 때문에,

$$I_1 + I_2 + I_3 = 0$$

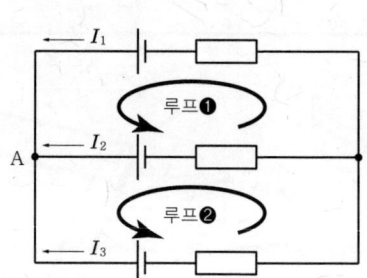

루프 ❶에서,

$$8I_1 - 2I_2 = 6 - 4$$

루프 ❷에서,

$$2I_2 - 4I_3 = 4 - 2$$

이것을 코스모가 풀었던 것처럼 정리하면,

$$I_1 + I_2 + I_3 = 0 \cdots\cdots\cdots\cdots ①$$
$$8I_1 - 2I_2 = 6 - 4 = 2 \cdots\cdots ②$$
$$2I_2 - 4I_3 = 4 - 2 = 2 \cdots\cdots ③$$

①식에 의해

$$I_3 = -(I_1 + I_2) \cdots\cdots ④$$

④식을 ③식에 대입하여,

$$2I_2 - 4\{-(I_1 + I_2)\} = 2$$
$$2I_2 + 4I_1 + 4I_2 = 2$$
$$6I_2 + 4I_1 = 2 \cdots\cdots ⑤$$

②식에 의해,

$$-2I_2 = 2 - 8I_1$$
$$I_2 = 4I_1 - 1 \cdots\cdots ⑥$$

⑥식을 ⑤식에 대입하여

$$6(4I_1 - 1) + 4I_1 = 2$$
$$24I_1 - 6 + 4I_1 = 2$$
$$28I_1 = 8$$

$$I_1 = \frac{8}{28} ≒ 0.29 (A)$$

답은 약 0.29〔A〕야!

Follow up

전력량(줄 열), 컨덕턴스, 휘트스톤 브리지, 중첩의 정리

- **전력량** 단위시간에 소비한 전력을 말한다.

  전력량[Ws] = 전력[W] × 초[s] = 전압[V] × 전류[A] × 초[s]

  전력량은 줄 열로 대치하는 것이 가능해, 단위는 [J]가 된다.

  1[J] = 1[Ws]
  3,600[Ws] = 1[Wh]
  1[h] = 60[min] × 60[s] = 3,600[s]

- **컨덕턴스**

  전류의 흐르기 쉬움을 나타내는 비례정수. 저항 R의 역수.

  $\frac{1}{R}$을 G로 치환하여 나타낸다.

- **휘트스톤 브리지**

  주로 측정에 이용되는 회로.

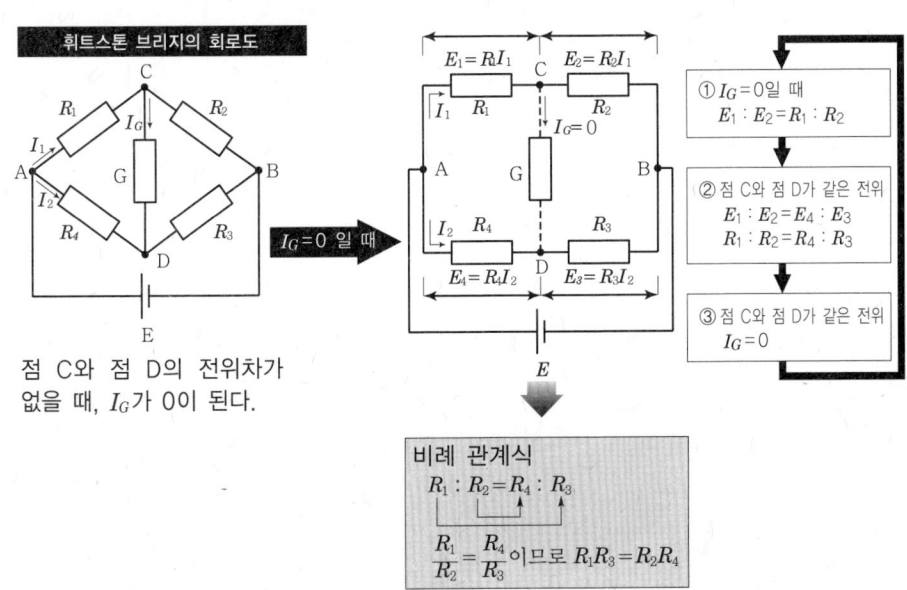

■중첩의 정리

다수의 초전력을 포함한 회로망의 각 점의 전위 또는 전류의 분포는, 각 기전력이 단독으로 존재할 때의 전위 또는 전류의 합과 같다. 즉,

$$I_1 = I'_1 - I''_1$$
$$I_2 = I'_2 - I''_2$$
$$I_3 = I'_3 - I''_3$$

가 된다.

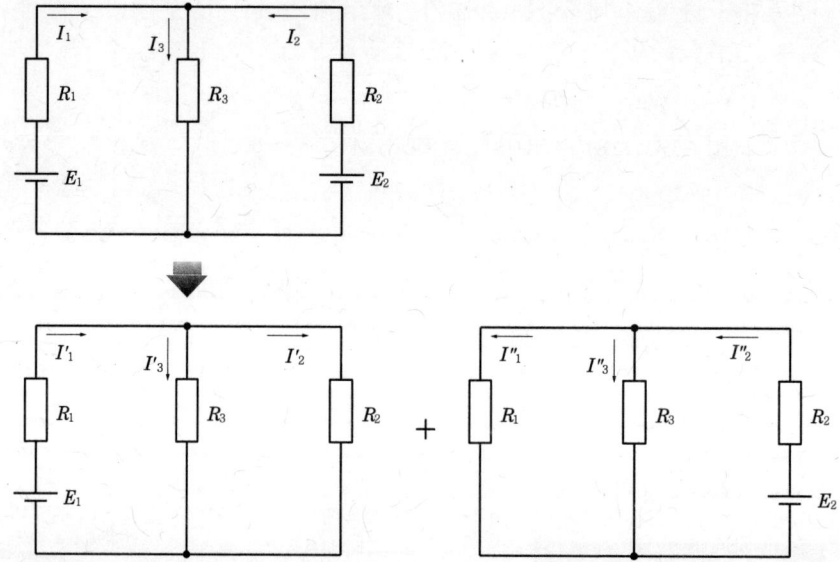

여기에서, I_1, I_2, I_3의 방향을 정(플러스)으로 하기 때문에, 방향이 반대인 경우는 마이너스가 되는 것에 주의한다.

만화로 쉽게 배우는 전기회로

CHAPTER 03

교류회로

1. 전자유도
2. 정현파교류
3. 평균치·실효치
4. 인피던스와 어드미턴스
5. 벡터와 위상차
6. 교류전력

1. 전자유도

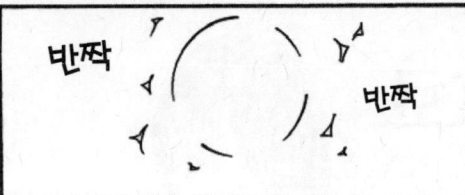

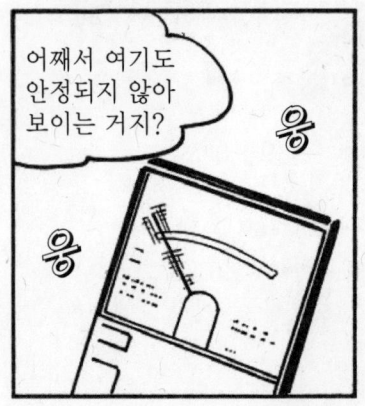

마스터 요타, 어떻게 이런 간단한 구조로 라이트가 켜지는 거에요?

 전기와 자기장에는 밀접한 관계가 있어. 자기장을 도체가 움직이면 전류가 발생해. 이것은 『플레밍의 오른손 법칙』이라고 해. 이 때 발생하는 전압은,
전압 e〔V〕= 자속밀도 B〔T〕× 도체의 길이 L〔m〕× 도체의 이동속도 v〔m/s〕로 구할 수 있다. 내가 만든 다이나모는 코일을 고정해서 자석을 회전시키는 것처럼 되어있다. 기계적인 부분으로 이쪽이 오래가지만…. 그래서, 이 때 만들어진 전류는 교류가 된다. 코스모, 전류는 알고 있지?

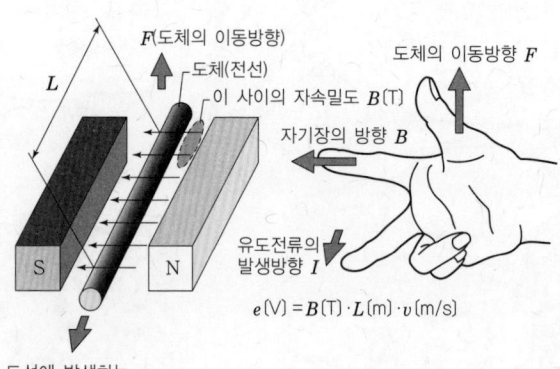

 음… 그러니까 시간과 함께 전류나 전압이 변화하는 거지요.

 맞아. 그리고, 교류에는 삼각파라든가, 구형파, 거치상파 등 여러 가지 형태가 있다. 하지만, 우선은 기본인 정현파를 공부하자. 『정현파』는 이름에서 알 수 있듯이 삼각함수가 관계되어 있어.

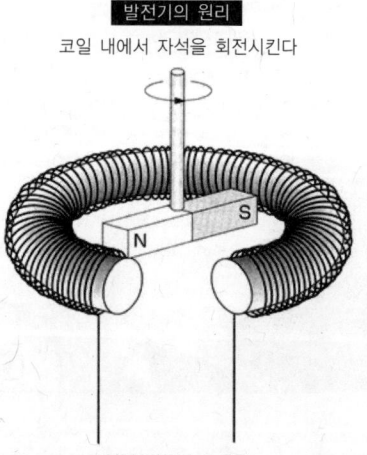

 우왓, 나에겐 벅차!

 휴즈, 이 전에 『교류의 마을』에서 교류회로를 다루었는데, 그건 좀 심하다!

 겁주는 건 아니지만, 삼각함수 외에, 벡터나 미분, 적분 같은 것도 사용해.

 두통이 생기는 거 같아 ㅠ.

2. 정현파교류

이 발전기를 돌리면, 어떤 파형이 된다고 생각해?

저는 모르겠어요.

이 그림을 봐. 자기장 속을 도선이 회전할 때, 어떠한 기전력이 생기는 지를 나타낸 것이야. 기전력이란 바로 전압을 말하지.
자속을 직각방향으로 자르는 속도에 비례해서 전압을 발생시킨다. 즉, 회전하는 속도와 위치에 따라 전압이 변화한다. 그 변화를 그림

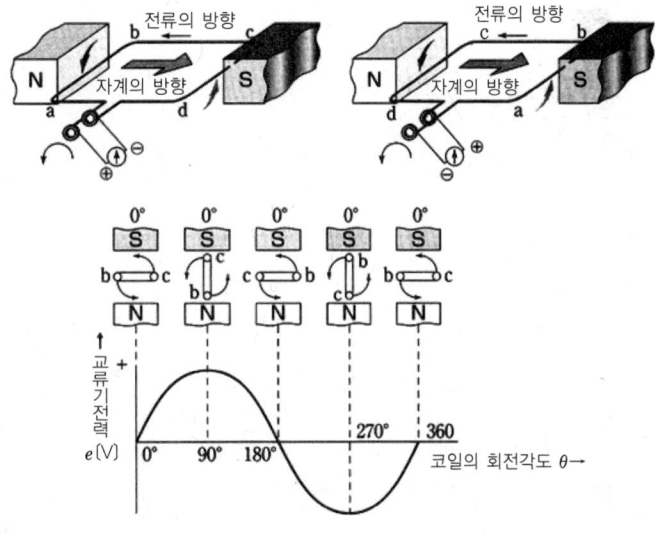

으로 나타내면, 이 그림과 같이 된다. 즉, 정현파가 된다. 이 때 발생하는 기전력을 e, 이 e 는 순시치를 나타낸다. 그리고, 최대치를 E_m으로 하면, 다음의 관계가 성립한다.

$$e = E_m \times \sin\theta \,[\text{V}]$$

여기에서의 θ은 도선의 각도를 나타내고 있다. 자속에 대해서 직각이라면 90°, 반회전 이라면 180°, 1회전은 360°가 된다. 회전하고 있는 것의 각도를 나타내는 경우, 호도법(단위 : 라디안(rad))이라는 것을 사용한다. 그 일례가 이것이다.

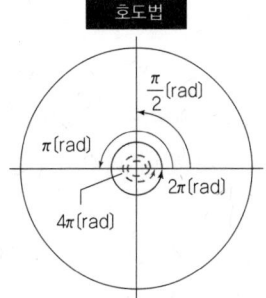

회전	$\frac{1}{4}$	$\frac{1}{2}$	1	2
각도(°)	90°	180°	360°	720°
라디안(rad)	$\frac{\pi}{2}$	π	2π	4π

제3장 교류회로

발전기 등의 경우, 코일이 1초 동안에 회전하는 가를 나타내는 각속도라는 것을 사용한다. 각속도는 ω(오메가)로 표시하고, 단위는 [rad/s]이다. θ[rad]만 회전하는데도 t[s]가 관계된다고 하면,

$$\theta = \omega t$$

가 되어, 이전의 교류기전력의 식은

$$e = E_m \sin \omega t \text{[V]}$$

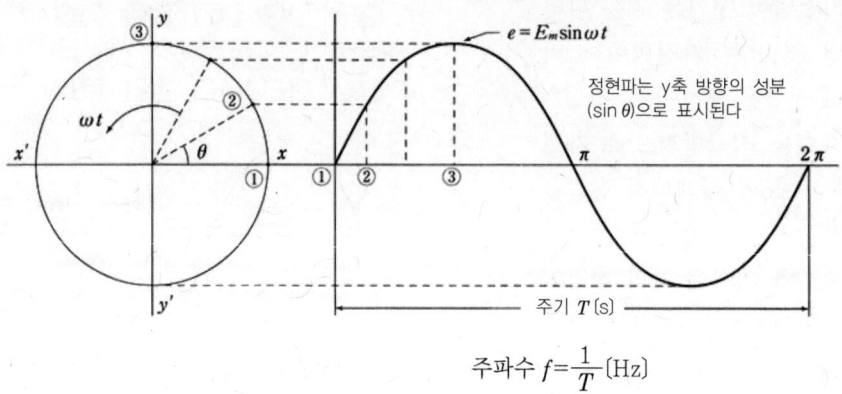

정현파는 y축 방향의 성분 ($\sin \theta$)으로 표시된다

주기 T[s]

주파수 $f = \dfrac{1}{T}$ [Hz]

으로 나타낼 수 있다. 또한, 0에서 2π까지 걸린 시간, 즉 1회전에 걸린 시간을 주기 T라고 한다. 1초 동안에 반복되는 T의 수를 주파수 f라고 하고 [Hz](헤르츠)라고 나타낸다. 여기까지는 이해할 수 있어?

 응, sin이 나왔다. 자신 없어~.

 어떻게든 될 거야. 앞으로 경험을 쌓아 익숙해지면 되는 거야.

 휴즈는 수학이 약하다고 했으니까 레벨은 그대로. 코스모는 레벨 7이야. 이대로라면, 코스모가 더 빨리 전기회로를 마스터하겠네.

3. 평균치·실효치

이 파형의 산의 가장 높은 곳, 이것이 최대치가 된다. 최대치는 자속밀도의 크기나 도선의 길이, 그 때의 속도로 결정된다. 이전에 배운 『플레밍의 오른손 법칙』이다. 그리고, 그 때의 전압을 『순시치』라고 한다. 순시치와 최대치에는

$$e = E_m \sin \theta$$

이라는 관계가 성립한다는 것은 전에 설명한 것과 같다. 평균치와는 이 1주기의 순시치의 합의 평균이지. 단, 정현파에서는 1주기로 생각하면 합이 0이 되어버리기 때문에, 반주기로 생각한다.

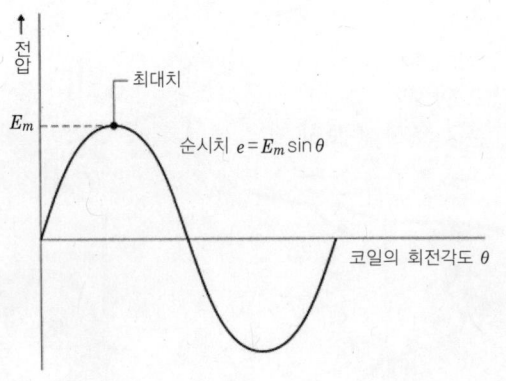

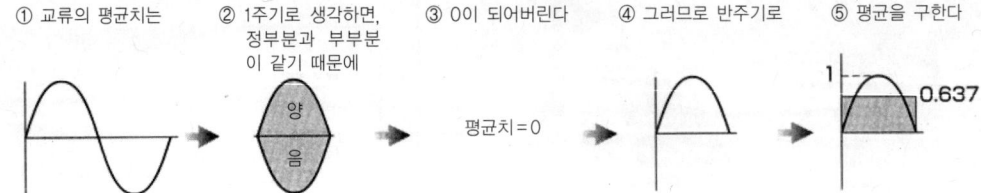

평균치를 구하는 식은 다음과 같다.

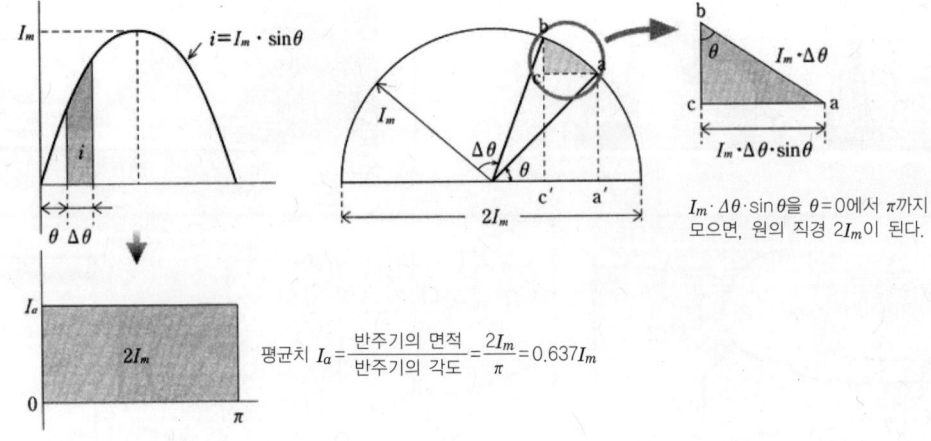

다음은 실효치다. 회로계산으로는 이 실효치가 주로 사용되고 있다.

그러면, 최대치라든가 평균치라든가 하는 귀찮은 것은 필요 없잖아요.

그렇게 단편적으로 생각하지 마. 일부의 측정기를 사용한 경우, 실효치가 아닌 평균치를 표시하는 것이 있다. 그것을 실효치로 변환하려면 반드시 평균치를 알아야 한다. 삼각함수나 벡터도 쓸데없이 나온 것이 아니지. 그것을 잘 알고 확실히 활용하는 것이 중요해. 그럼 실효치를 설명하지.

오른쪽 그림에서 직류 100(V)로 물을 끓일 때, 1분 만에 물의 온도가 1℃ 상승했다고 한다. 다음으로 이것을 교류전압으로 한다. 1분 만에 1℃, 물의 온도가 상승하면, 그 교류전압은 100(V)이 되고, 이 값을 실효치라고 부른다. 이하에 실효치의 사고방식과 구하는 방법을 정리해두었으니, 잘 봐두길.

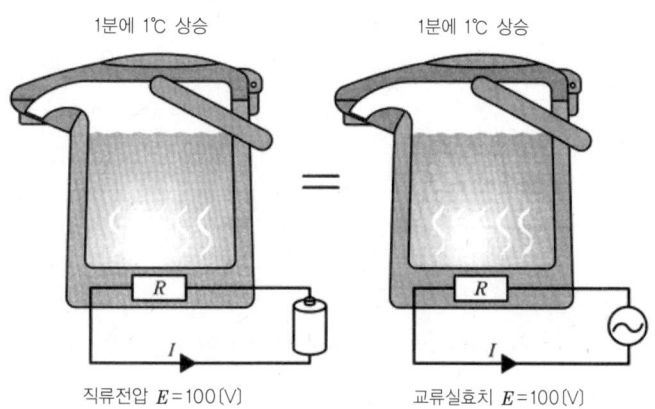

직류전압 $E=100$(V)　　교류실효치 $E=100$(V)

● **실효치의 사고방식**

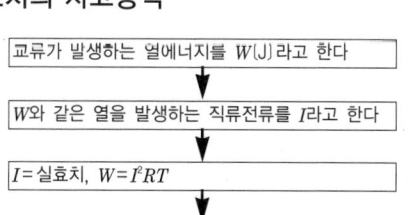

주기 T(s)를 n개의 매우 작은 시간

$$\Delta t\left(=\frac{T}{n}\right)$$

로 분해해서 생각하면,

$$W=(i_1^2 \Delta t + i_2^2 \Delta t + i_3^2 \Delta t + \cdots i_n^2 \Delta t)R[J]$$

$$I^2RT = (i_1^2 + i_2^2 + i_3^2 + \cdots i_n^2)\Delta t \cdot R$$

$$= \frac{(i_1^2 + i_2^2 + i_3^2 + \cdots i_n^2)TR}{n}$$

$$\therefore I = \sqrt{\frac{(i_1^2 + i_2^2 + i_3^2 + \cdots i_n^2)}{n}}$$

$$= \sqrt{\frac{\overline{i^2}}{n}}$$

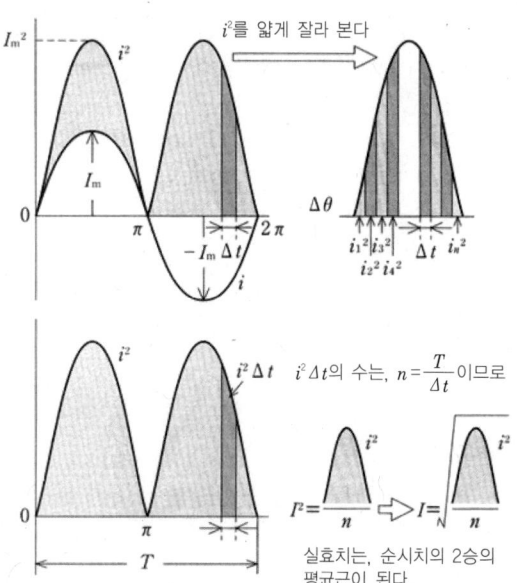

실효치는, 순시치의 2승의 평균근이 된다.

● 실효치를 구하는 법

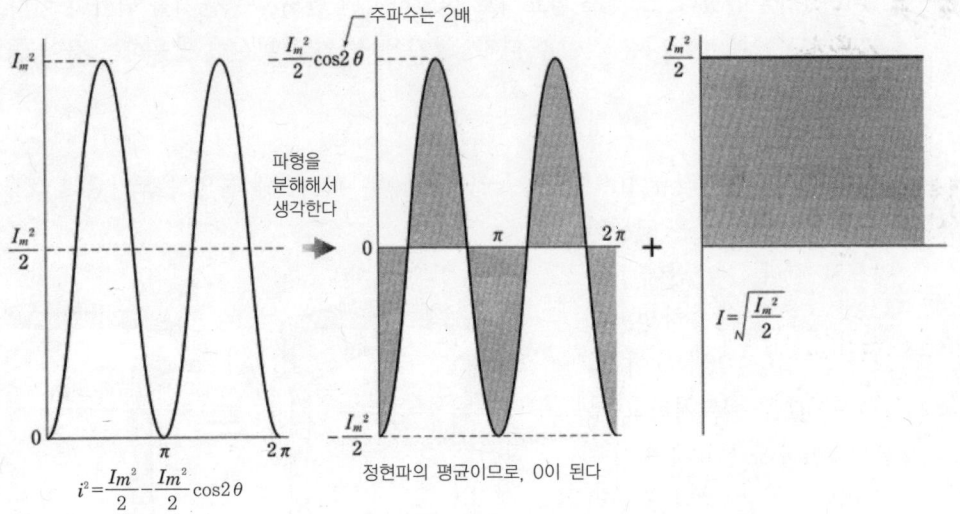

$i = I_m \sin \omega t$의 ωt을 θ로 치환하여 2승하면, $I_m^2 \sin^2 \theta$가 된다. 여기에서

$$\sin^2 \theta = \frac{1}{2}(1 - \cos 2\theta) = \frac{1}{2} - \frac{\cos 2\theta}{2}$$

가 된다.
따라서

$$i^2 = \frac{I_m^2}{2} - \frac{I_m^2}{2}\cos 2\theta$$
$$= I_m^2 \cdot \frac{1}{2}(1 - \cos 2\theta)$$

제2항은 정현파로 1주기의 평균은 0이 되고, 제1항의 $\frac{1}{2}$이 남는다. 이것의 제곱근을 구하면, 전류의 실효치는,

$$I = \sqrt{\frac{I_m^2}{2}} = \frac{I_m}{\sqrt{2}} = 0.707 I_m \text{[A]}$$

가 된다.

● 실효치의 정의

정식으로 실효치의 정의는 다음과 같이 나타낸다.
「교류의 1주기 중에 각 순시치의 2승의 평균의 제곱근을 실효치라고 한다」

제3장 교류회로

마스터 요타의 포스업 강좌③
벡터·복소수

 자, 오늘은 벡터에 대해 배워보자!

 우엑!

 먼저, 벡터란 무엇일까? 힘이나 전류와 같이 운동의 크기뿐만 아니라, 그 방향도 생각하는 것을 벡터량. 그에 반해 온도나 시간과 같이 운동의 크기만을 생각하는 것을 스칼라양이라고 한다.

벡터량   스칼라양

 전기는 어느 쪽이야?

 교류의 전압이나 전류는 벡터량이다. 크기 외에 방향도 변하기 때문에, 전압과 전류의 회전벡터를 정지벡터로 나타내면 다음 페이지의 그림과 같이 된다. 정지벡터를 각속도 ω로 회전시키면 회전벡터가 된다. 전력계산 등, 교류회로의 계산은 보통 정지벡터를 사용한다. 교류에 콘덴서나 코일을 연결하면 전압과 전류의 방향에 차이가 생긴다. 이 벡터의 차를 위상차라고 한다.

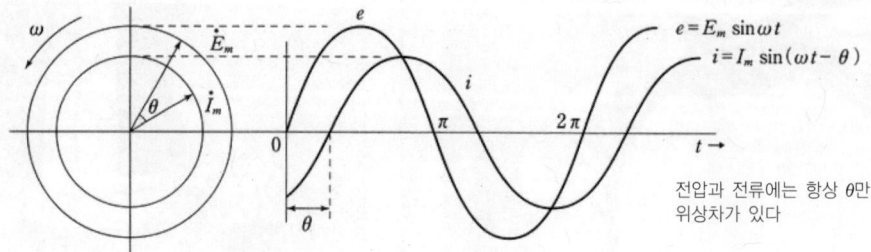

$e = E_m \sin \omega t$
$i = I_m \sin(\omega t - \theta)$

전압과 전류에는 항상 θ만 위상차가 있다

융, 뒤를 부탁해.
웃! 배고파. 융, 다 먹으면 교대해줘! 자 밥 먹자 밥!

저기 융 씨, 도시락 먹고 하지 않으시겠어요?

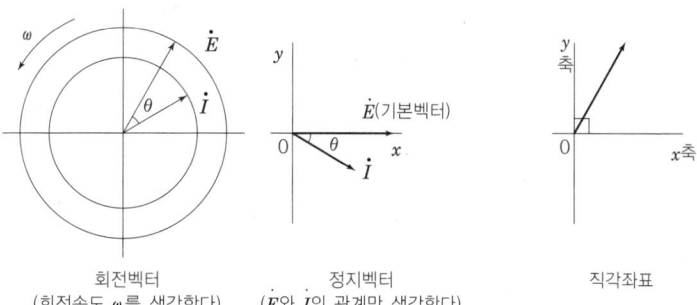

회전벡터
(회전속도 ω를 생각한다)

정지벡터
($\dot{E}$와 $\dot{I}$의 관계만 생각한다)

직각좌표

 안 돼! 먹으면서 해도 되니까 계속하자!

두 사람 다 벡터 그림은 벌써 끝났어. 그럼 저기의 벡터 그림을 수식으로 나타내는 데에는 어떻게 하면 좋을까, 그것을 지금부터 공부하자. 보통, 물질의 중량이나 수 등을 나타낼 때에는 실수를 사용하고 있어. 사람의 수를 세는 데에는 도움이 되지 않는 분수도, 케이크를 나눌 때에는 도움이 되는데다가, 물건의 길이를 나타내는데 도움이 되지 않는 음의 수도, 차액을 나타낼 때에는 부족함이 없다. 이것과 같이 전자기학이나 전자공학은 물론 전기공학에서도 교류를 이해하기 위해서는 허수의 사고방식이 필요하게 된다. 허수는 알고 있지?

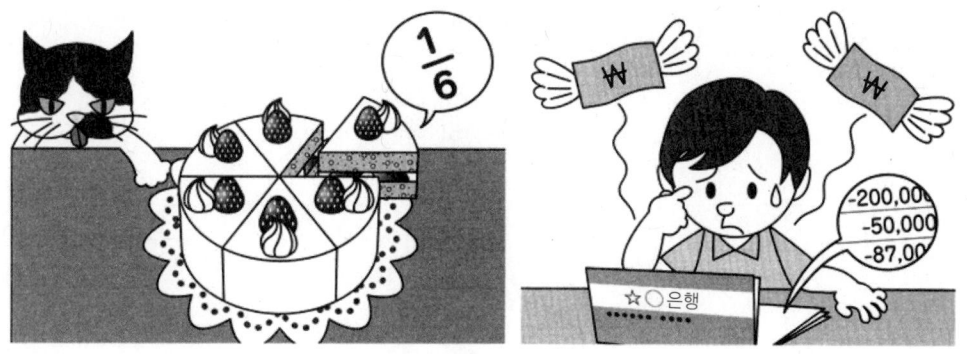

 2승하면 −1이 되는 이상한 숫자. 허수 i는 $i^2 = -1$이다.

 그래. 그리고 허수를 포함한 복소수의 세계에서 전기회로의 사고방식이 성립되고 있어. 하지만, 전기의 경우 i는 전류를 나타낼 때에 사용하기 때문에, 전기에서는 허수단위로는 j를 사용해. 이것도 기억해 두면 편리해.

허수를 4승하면 정수 1이 된다. 이것에 또 j를 곱하면, 벡터 그림에서는 90° 반시계 방향으로 회전시키게 된다.

$$j = \sqrt{-1}$$
$$j^2 = (\sqrt{-1})^2 = -1$$
$$j^3 = j^2 \times j = -1 \times \sqrt{-1}$$
$$j^4 = j^2 \times j^2 = (-1) \times (-1) = 1$$

끝으로 오일러의 공식을 공부해 보자.

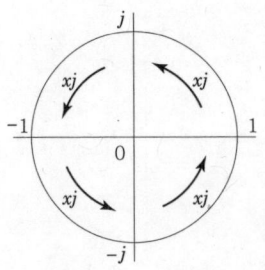

정수 1에 대해 허수 j를 곱하면, 90°씩 반시계 방향으로 돌면서 이동한다.

 왠지 수학뿐이야. 조금이라도 전기회로 같은 건 없고, 나, 학교에서 이런 건 아직 안 배웠어.

 코스모, 아직 학생이야?

 실은 이제 막 고등학생입니~다. 휴즈는 올해 졸업했어요. 상급 학교가 시작되기까지 아르바이트로 헌터를 하고 있어요. 저는 휴즈의 감시자 역할이죠.

 오일러의 공식도 학교에서 배웠겠지만, 알아둬서 손해날 건 없으니까.

 내가 대신하지. 뭐라 해도 내 쪽이 학식이 있으니까. 먼저 이 그림을 봐.

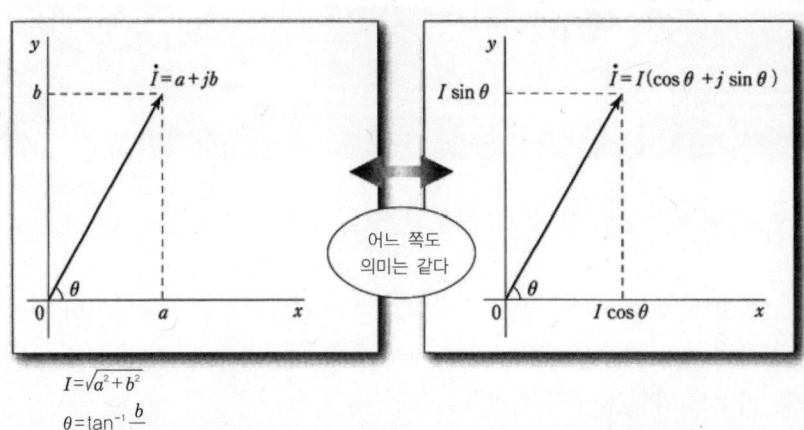

어느 쪽도 의미는 같다

전 페이지의 오른쪽 그림에서 알 수 있듯이,

$$\dot{I}의\ X성분은\ a = I\cos\theta$$
$$Y성분은\ b = I\sin\theta$$

라고 표시할 수 있다. 이것은,

$$\dot{I} = a + jb = I(\cos\theta + j\sin\theta)$$

으로도 나타낼 수 있다. 여기에서 등장하는 것이 오일러의 공식이다.

$$\cos\theta + j\sin\theta = \varepsilon^{j\theta}$$

ε(입실론)은 자연대수의 끝인 것이다.

$$\varepsilon = 2.71828\cdots$$

즉 $\dot{I}$는,

$$\dot{I} = I\varepsilon^{j\theta}$$

라고 표현할 수 있다. 이, 오일러의 공식을 사용하면 위상차의 계산으로 지수법칙을 이용해 지수의 곱셈과 나눗셈을 할 수 있게 된다. 즉,

$$\varepsilon^{j\theta_1} \times \varepsilon^{j\theta_2} = \varepsilon^{j(\theta_1 + \theta_2)}$$

으로 나타낼 수 있다.
$I\varepsilon^{j\theta}$란 크기가 I이고 그 위상각이 θ의 벡터라는 것을 나타내고 있다. θ은 편각이라고도 한다. 뒤떨어진 경우는 $I\varepsilon^{-j\theta} = I\angle -\theta$라고 나타낸다. 이것들은 극좌표 표시라고도 한다. 두 사람 다 알겠어?

 네에

 뭐, 이것들은 전기회로를 이해하기 위한 도구니까 정리해두고 그때그때 재점검해도 좋아.

● 벡터·복소수의 정리

오일러의 법칙

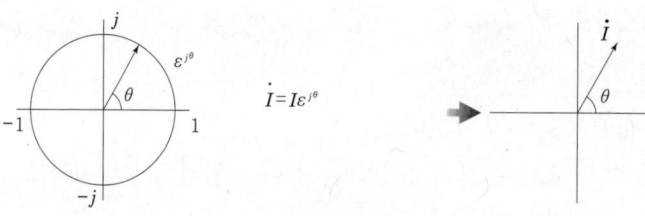

이 오일러의 법칙을 이용하면, 벡터 $\dot{I}$는

$$\dot{I} = I\varepsilon^{j\theta}$$

이 된다. 이것을 간단하게

$$\dot{I} = I\varepsilon^{j\theta} = I\angle\theta$$

라고 쓸 수도 있다. 또, 삼각함수와 삼각형의 피타고라스 정리에서,

$$I = \sqrt{a^2 + b^2}, \quad \theta = \tan^{-1}\frac{b}{a}$$

이라고 하는 관계가 있다.

삼각법·복소수·극좌표

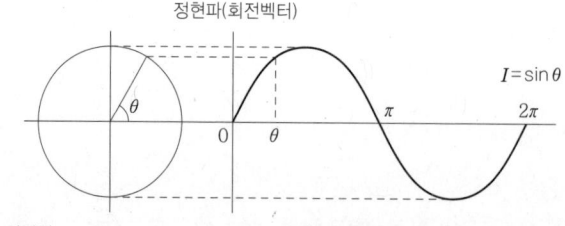

정현파(회전벡터) $I = \sin\theta$

① 삼각법
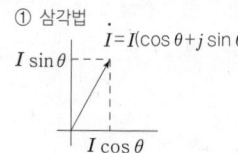
$\dot{I} = I(\cos\theta + j\sin\theta)$

삼각법은 초등학교 시절부터 계속 공부하고 있기 때문에 가장 익숙하다.
벡터와 삼각법의 취급은 비슷하다.

② 복소수
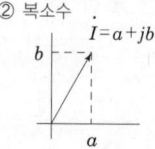
$\dot{I} = a + jb$

복소수는 계산에 자신이 있으면, 별 걱정 없이 대수 계산과 동일하게 이해할 수 있다.
복잡한 회로 계산에서는 가장 유리.

③ 극좌표
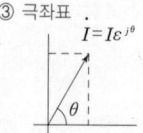
$\dot{I} = I\varepsilon^{j\theta}$

극좌표는 위상차가 바로 구해진다.
위상차에 관계된 회로 계산에서는 편리.

계산만이라면 정지벡터가 편리해. 계산 방법은 적절하게 골라 쓰는 것이 제일 좋아.

4. 인피던스와 어드미턴스

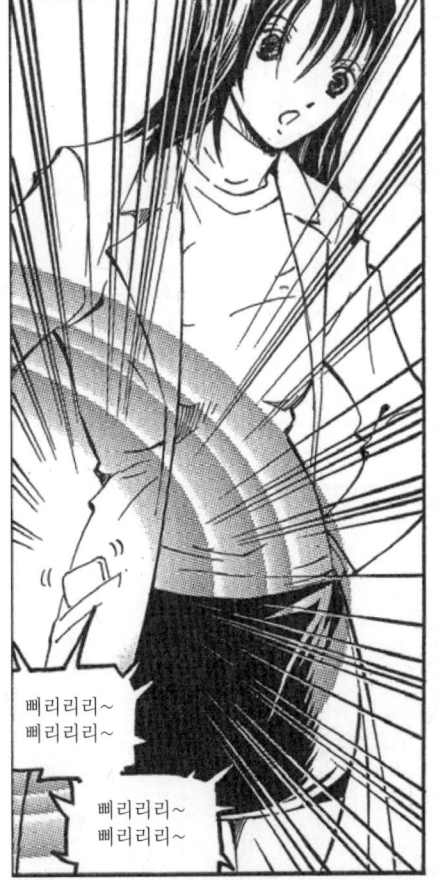

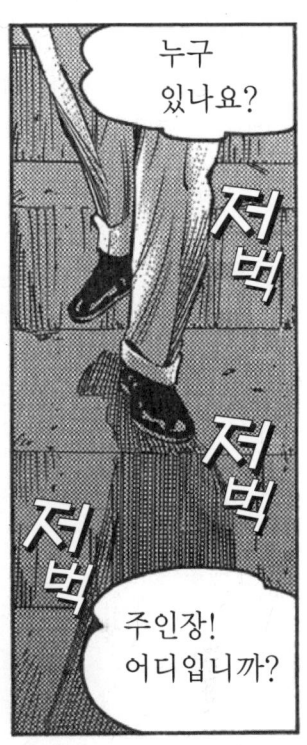

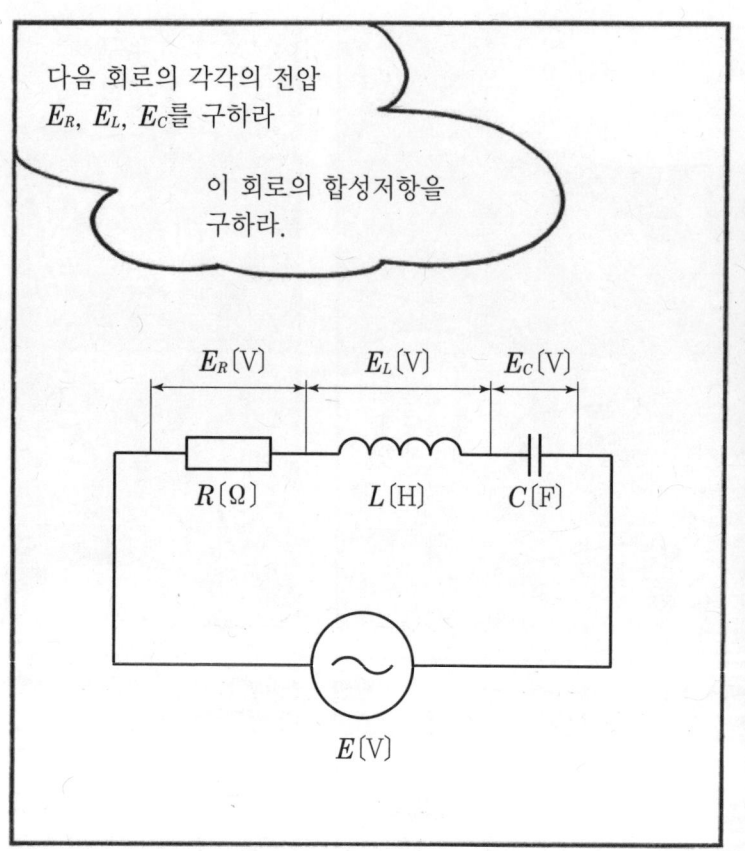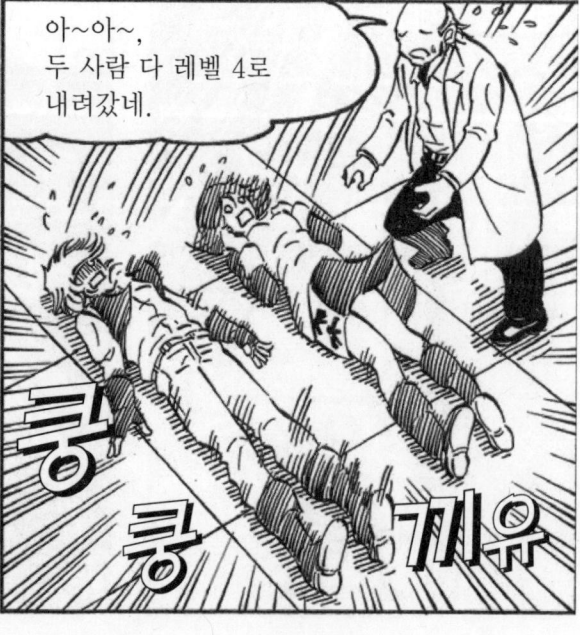

제3장 교류회로

● 인덕턴스

교류전원에 코일이 연결되어 있었죠? 코일은 인덕턴스(자기 인덕턴스)가 있어서, 전류가 변화하면 그것을 없애는 방향으로 전압이 발생해요. 덤으로 콘덴서까지 붙어 있어서 전압이 변화하려고 하는 방향과 반대 방향으로 전류를 흘리지요? 머리가 복잡해져 버려서….

의외로 생각하고 있었던 거네. 나야 휴즈가 넘어져서 같이 쓰러진 것뿐인데.

만만치 않은 녀석이군.

좋아, 교류회로에서의 코일과 콘덴서의 성질을 공부하자. 저항뿐인 회로의 경우, 사고방식은 직류회로와 같기 때문에 문제없어.
우선은 코일이 연결된 교류회로부터 공부해 보자. 코일의 성질은 알고 있는 것 같으니까, 교류회로에서 그것이 어떻게 움직이는 가를 보자. 먼저 인덕턴스부터야.
전의 문제에서 코일뿐인 부분의 폐회로를 만들자.

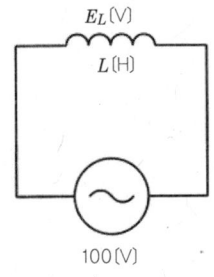

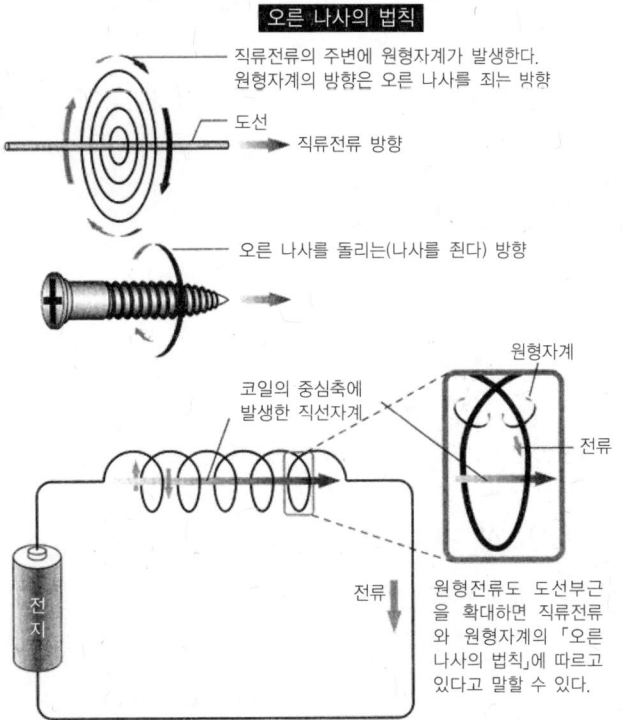

암페어의 『오른쪽 나사의 법칙』으로, 도선에 전류를 흘리면 자계가 발생하는 것은 알고 있지? 마찬가지로 코일에도 자계가 발생한다. 자계와 전계는 세트로 되어있어. 전류가 있는 곳은 자계가 있고 거꾸로 자계가 있는 곳은 전류가 있어.

전자파라는 것을 알고 있지? 그것은 전계와 자계가 서로 나타나는 현상이야. 그리고 전류가 변화하면, 자계도 또 변화해.

 자계가 변화한다는 것은, 자계 속을 도선이 움직이는 것과 같아. 그렇게 하면, 코일은 이 변화를 부정하는 방향으로 전압을 발생시켜. 이것이 자기유도이지. 이것을 패러디의 법칙이라고 하고 다음 식으로 나타내.

$$e = N \frac{\Delta \phi}{\Delta t} \text{ (V)}$$

이 자기유도 작용의 크기는, 전류의 변화에 대해서 어느 정도의 기전력이 있을지를 수치로 나타낸다. 즉, 1초 동안에 1A의 전류 변화가 있을 때, 1V의 기전력이 있는 코일은 1(H)의 자기유도 작용이 있다고 한다. 자기유도 작용의 크기를 자기 인덕턴스라고 하고, L로 표현한다. 식으로 나타내면,

$$\text{자속 } \phi \text{ (Wb)} = L \text{ (H)} \times I \text{ (A)}$$

가 된다. 즉, 자속 ϕ는 전류 I에 비례하기 때문에 이때가 비례정수인 것이다. 또한 코일의 권선수를 생각하면

$$\text{자속 } \phi \text{ (Wb)} = N \text{ (권선수)} \times L \text{ (H)} \times I \text{ (A)}$$

가 된다. 그러므로, 교류전원에 연결된 코일은 그 전원의 전류변화를 부정하도록 기전력이 발생한다. 이것을 자기유도 기전력이라고 한다.

 그게 저항과 같게 취급하고 있다는 것이죠?

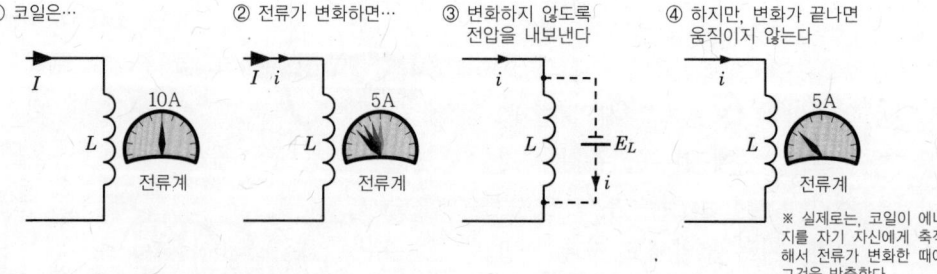

 맞아. 하지만, 그것만이 아니야. 전류가 최대일 때, 이때는 전류가 증가에서 감소로 바뀔 때이므로, 즉 변화가 없는 때 코일의 기전력은 0이 된다. 또, 교류에서는 전류가 0이 될 때, 즉 전류의 변화가 최대일 때 코일의 기전력도 최대가 돼. 이것을 그래프로 나타내면, 다음 페이지의 그림과 같다.

어때? 위상이 $\frac{\pi}{2}$ 늦는다는 걸 잘 알았지? 이 때, 코일에 발생하는

기전력은 다음 식으로 구할 수 있다. 여기에서 t는 시간을 나타낸다.

$$E_L = L \times \frac{\Delta i}{\Delta t}$$

$\frac{\Delta i}{\Delta t}$란 미분이죠? 나는 아직 배우지 않았어요.

괜찮아! 휴즈가 확실히 익혔으면 됐어.

● 유도 리액턴스

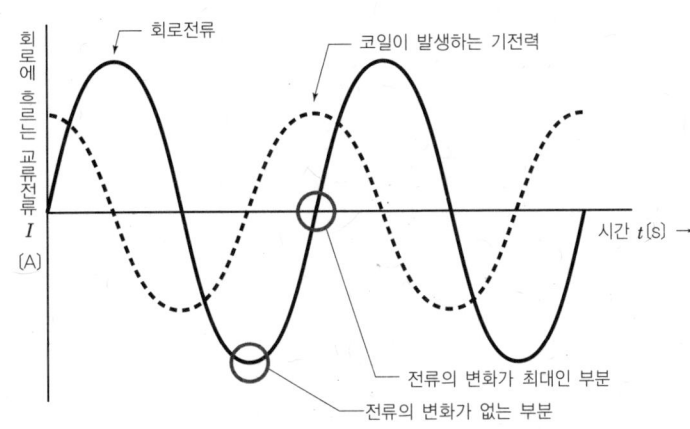

전에 코스모가 얘기했듯
이 코일은 교류회로에서는 저항과 같게 취급돼. 이 그림과 같은 회로에서, 코일에 정현파 전압 e를 더한 경우, 정현파 전류 i가 어떻게 될지를 보자.

정현파 전류 i는 시간 t와 함께 변화하고 있기 때문에, 코일에는 자기유도기전력 E_L이 발생하지요.

맞아. 이 코일에 발생하는 기전력은

$$E_L = L \times \frac{\Delta i}{\Delta t}$$

으로 표현되기 때문에, E_L은 매우 작은 시간에 놓인 전류의 변화율

$$\frac{\Delta i}{\Delta t}$$

에 비례한다.

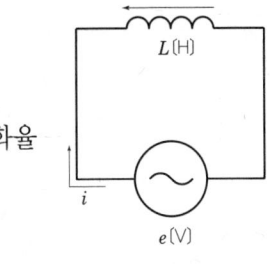

이 그림을 봐둬. 반주기이고, 최대 전류는 I_m에서 $-I_m$까지 변화한다. 그래서, $I_m-(-I_m)$에 의해 변화량은 $2I_m$이 된다. 반주기는 $\frac{1}{2f}$이므로, 전류의 변화 비율의 평균은

$$\frac{\Delta i}{\Delta t} = \frac{2I_m}{\frac{1}{2f}} = 4fI_m$$

이 된다.

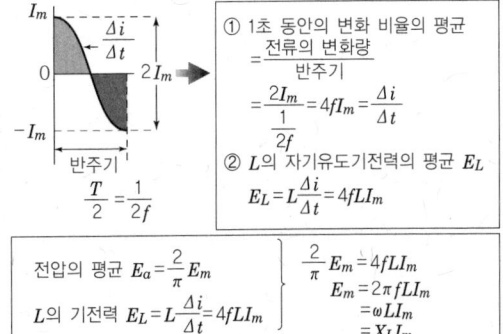

다음으로, 전압의 평균치는

$$\left(\frac{2}{\pi}\right) E_m$$

이 되므로, L의 유도기전력의 평균을 E_L이라고 하면,

$$E_L = \frac{2E_m}{\pi} = L \times \frac{\Delta i}{\Delta t} = 4fLI_m$$

$$\therefore E_m = 2\pi fLI_m$$

이번에는 이것을 실효치로 생각해 보자. 전압의 실효치를 E, 전류의 실효치를 I라고 하면, 실효치는 최대치 E_m의 $\frac{1}{\sqrt{2}}$이므로,

$$E = \frac{E_m}{\sqrt{2}} = \frac{2\pi fLI_m}{\sqrt{2}} = 2\pi fLI$$

여기에서 $2\pi f$는 각속도 ω이므로,

$$E = \omega LI$$

게다가 ωL을 X_L로서

$$E = X_L I$$

로 나타낸다. 이 $X_L = \omega L$을 유도 리액턴스라고 하고, 단위는 저항과 같이 〔Ω〕을 사용한다. 이것을 벡터로 나타내면 다음과 같다.

$$E = jX_L I = j\omega LI$$

전류 측에 j이 붙어있기 때문에, 전류는 전압보다 $\frac{\pi}{2}$만큼 위상이 늦다는 것을 나타내고 있다.

● 정전용량

다음은 콘덴서야. 휴즈, 콘덴서의 특징은 뭘까?

콘덴서는 전하를 축적하는 것이 최대의 특징이죠?

맞아. 콘덴서의 역할은 오른쪽 그림과 같아. 콘덴서는 직류전원일 때는 정전용량 한계에 달하면 전류가 흐르지 않게 되지만, 교류전원의 경우는 +,-의 전하가 서로 번갈아 교체하기 때문에 전류가 흐른다. 물론, 콘덴서의 전극 간에 전자를 주고받는 것이 없지만. 이때, 콘덴서에 축적된 부하를 Q[C(쿨롱)]라 표시한다. 이 부하와 콘덴서의 단자 간의 전위차 E에는 다음과 같은 관계가 성립해.

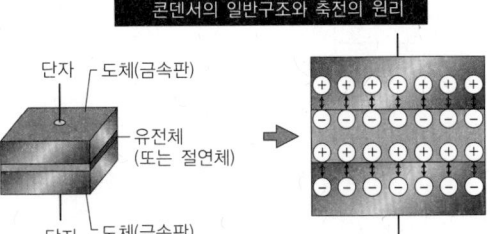

콘덴서의 단자 사이에 전압이 걸리면, 사이에 끼인 유전체 중에서 유전분극이 일어나 도체에 모인 전하를 보존한다. 전압이 없어지면 전자가 도선을 이동해 분극상태도 해소된다

$$Q[C] = CE$$

이 식에서 나오는 C는 비례정수로, 정전용량을 나타낸다. 정전용량은 캐퍼시턴스라고 하고, 단위는 [F(패럿)]으로 나타낸다.

콘덴서는 전압의 변화에 대해 전압이 변화하기 어렵도록 움직여 정전용량의 전류 i_c는 다음과 같다.

$$i_c = C \frac{\Delta E}{\Delta t}$$

이와 같이 콘덴서 C의 양 끝의 전압의 변화에 비례해서, 전압이 변화하기 어렵도록 전류를 흘린다.

● 용량 리액턴스

 콘덴서를 정현파교류에 연결한 경우 어떤 일이 일어날지 역시 조사해 두자. 정전용량 C의 콘덴서에 정현파전류 i를 흘린 경우야.

① 콘덴서는… ② 전압이 변화하면… ③ 변화하지 않도록 전류를 내보낸다 ④ 하지만, 변화가 끝나면 움직이지 않는다

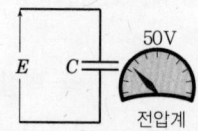
※ 실제로는, 콘덴서가 에너지를 자기 자신에게 축적해, 전압이 변화했을 때에 그것을 방출한다

이 때 콘덴서에는 전하 q가 축적된다. 이것을 식으로 나타내면

$$q = CE = CE_m \sin wt$$

가 된다. 교류의 경우, 이 전하 q의 값이 시간과 함께 변화한다. 콘덴서는 양 끝의 전압이 변화하기 어렵도록 전류 i_c를 흐르게 한다. 이것을 식으로 하면,

$$i_c = C \times \frac{\Delta e}{\Delta t} = \frac{\Delta q}{\Delta t}$$

가 된다. 여기에서 좀 전에 설명한 유도 리액턴스를 생각해줘. 자기유도기전력 E_L은,

$$E_L = L \times \frac{\Delta i}{\Delta t}$$

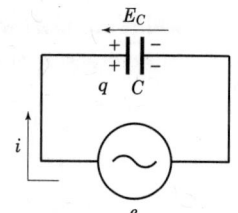

이었지. 동일하게, 여기에서 E_L을 콘덴서로 흘러 들어오는 전류 i로 바꾸고, Δi를 Δq로 바꾸면 다음과 같이 된다. 전하 $q = CE$라는 것을 유의하면,

$$i = C \frac{\Delta E}{\Delta t} = \frac{\Delta q}{\Delta t}$$

이므로, L의 식과 같이 전하 q는 전류 i보다 $\frac{\pi}{2}$ 늦은 것이 된다. 즉, 전류 i는 전하 q보다 $\frac{\pi}{2}$ 만큼 위상이 전진해 있다. 또, 위상차가 나왔네.

 또, 또 미분이야. 적분은요?

 캐퍼시턴스도 이대로는 끝나지 않아. C 회로의 전압과 전류를 생각해 보자.

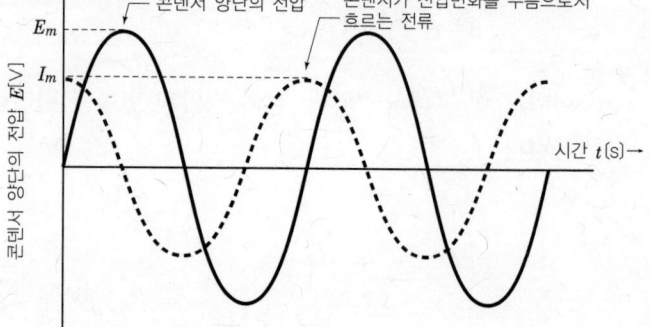

수식으로 나타내면 다음과 같다.

전압 $e = E_m \sin wt$

전류 $i = I_m \sin(wt + \frac{\pi}{2})$

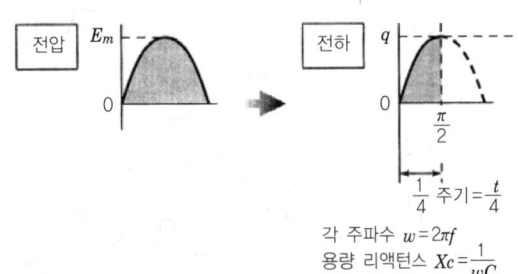

각 주파수 $w = 2\pi f$
용량 리액턴스 $X_c = \frac{1}{wC}$

이 회로의 전압과 전하에 대해 생각해 보자. 이 그림을 봐줘.

$\frac{1}{2}$ 주기로 봤지만, C에서는 0부터 0이 되어버리기 때문에 $\frac{1}{4}$ 주기로 생각할 수 있다. $\frac{1}{4}$ 주기는 $\frac{1}{4f}$ 이므로, 1초 동안의 전하 변화는 다음과 같다.

$$\frac{\Delta q}{\Delta t} = \frac{CE_m}{\frac{1}{4f}} = 4fCE_m$$

전류 i의 평균치 I_a는 $\frac{2I_m}{\pi}$ 이므로

$$I_a = \frac{2I_m}{\pi} = C\frac{\Delta q}{\Delta t} = 4fCE_m$$

$$\therefore I_m = 2\pi fCE_m$$

정리하면, 이 표와 같다.
게다가 이것을 실효치로 하면,

$$I = 2\pi fCE = \omega CE = \frac{E}{X_C}$$

$$\omega C = \frac{1}{X_C}$$

즉

$$\frac{1}{\omega C} = X_C$$

전하의 변화가 전류로 변신하는 흐름

시간	$0 \sim \frac{\pi}{4}$
부하의 변화량	$0 \sim CE_m$
평균변화량	$\frac{CE_m}{\frac{T}{4}} = 4fCE_m = I_a$
전류평균값	$I_a = \frac{2I_m}{\pi}$
전류최대값	$I_m = \frac{\pi}{2}I_a = 2\pi fCE_m$
실효치	$I = 2\pi fCE = \omega CE = \frac{E}{X_C}$

를 용량 리액턴스라고 하고, 역시 [Ω]이라고 나타낸다. 이것을 벡터로 나타내면,

$$\dot{E} = -jX_C I = -j\frac{1}{\omega C}I$$

가 된다. $-j$가 붙어 있을 때, 전류에는 전압보다 $\frac{\pi}{2}$ 만큼 위상차가 진행되어 있다.

 뭔가, 턴스가 가득…

제3장 교류회로 **119**

지금부터가 실전이다. 교류회로에서는 옴의 법칙으로 친숙한 식이 조금 변화된다.

$$E=IR$$이 $$\dot{E}=\dot{I}\dot{Z}$$

가 된다. 이 $\dot{Z}$를 임피던스라고 하고, 유도 리액턴스와 용량 리액턴스를 고려한 수치가 돼. 단위는 물론 $[\Omega]$을 사용한다. 한 가지 더, 이것도 기억해 두면 편리해. 임피던스 $\dot{Z}$의 역수 $\dot{Y}$로 어드미턴스라고 하는 것을 사용해.

어드미턴스는

$$\dot{Y}=\frac{1}{\dot{Z}}=g+jb\,[S]$$

가 된다.

이것은, 전류가 흐르기 쉬움을 나타낸다. 단위는 $[S]$로, 지멘스라고 한다. 이 경우는, 실수부 g를 컨덕턴스라고 하고, 허수부 b를 서셉턴스라고 한다. 또, 교류회로에서는 전압이나 전류가 코일이나 콘덴서에 의해 어느 정도 위상차가 나올지를 생각에 넣지 않으면 안 된다.

적분보다 먼저 벡터인가~

턴스가… 턴스가… 턴스?

5. 벡터와 위상차

교류회로에서 코일이나 콘덴서를 취급하는 경우, 위상차가 나와 그러면 어찌됐든 고려해야만 하는 것이 벡터야.

L이나 C가 회로 내에 있으면, 전압이나 전류에 위상차가 나오는 것은 알아?

정말일까?

그것은 즉, sin 성분과, cos 성분의 합을 계산해야 하는 거야.

이것은 벡터를 사용해 생각하는 편이 알기 쉬워.

제3장 교류회로 121

이것은 교류전원에 R과 L을 직렬접속한 회로야. 벡터 그림을 잘 봐줘. 전류의 벡터를 기준으로 생각해 보자. 전류를 i라고 하면, 저항 R의 전압 e_R은 전류와 위상이 같기 때문에

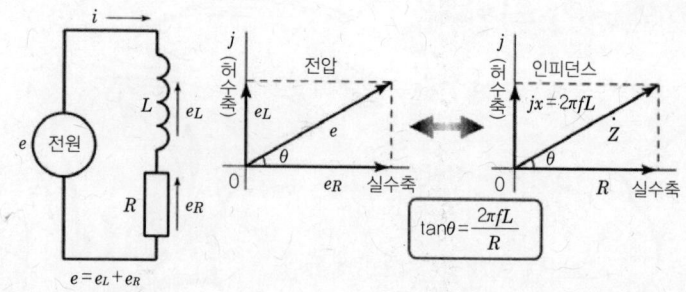

$$e_R = Ri$$

가 된다.

코일 L의 전압 e_L은 전류보다 위상이 $\frac{\pi}{2}$ 진행되어 있기 때문에

$$e_L = j2\pi fLi$$

가 되고, 이 두 개의 전압의 합 e는

$$e_R + e_L = (R + j2\pi fL)i$$

가 된다. 여기에서 전류를 $\dot{I}$(실제는 $\dot{I} = I_m \sin 2\pi ft$), 전압을 $\dot{E}$로 옴의 법칙에 맞추어 표현하면

$$\dot{E} = \dot{Z}\dot{I}$$

가 된다. 이 때 $\dot{Z}$는

$$\dot{Z} = R + j2\pi fL$$

이고, 이것은 위상의 정보도 포함한 저항이 된다. 이때

$$\dot{E} = \dot{Z}\dot{I} = (R + j2\pi fL)\dot{I}$$

이고, 저항 R의 전압 $\dot{E}_R$은

$$\dot{E}_R = R\dot{I}$$

코일 L의 전압 $\dot{E}_L$은

$$\dot{E}_L = j2\pi fL\dot{I}$$

가 되고 전류 $\dot{I}$를 기준으로 생각한 경우, $\dot{E}_L$은 전류에 대해서 위상이 진행되고 있는 것을 알겠지? $\dot{E}_R$과 $\dot{E}_L$의 합 $\dot{E}$의 위상을 θ로 하면,

$$\tan\theta = \frac{2\pi fL}{R}$$

이 되는 것도 알겠지?

이번에는 전압의 벡터를 기준으로 해서 생각해 보자.

이 경우 위상의 기준을 $\dot{E}$로 해서 생각할 수 있어. 이때 전류 $\dot{I}$는

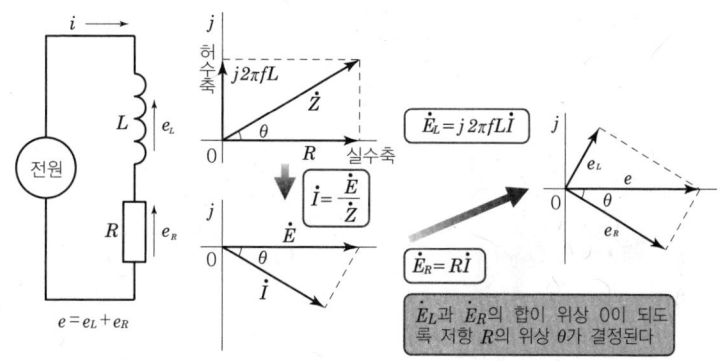

$\dot{E}_L$과 $\dot{E}_R$의 합이 위상 0이 되도록 저항 R의 위상 θ가 결정된다

$$\dot{I} = \frac{\dot{E}}{\dot{Z}} = \frac{\dot{E}}{R+j2\pi fL}$$
$$= \frac{(R-j2\pi fL)\dot{E}}{(R+j2\pi fL)(R-j2\pi fL)}$$
$$= \frac{(R-j2\pi fL)}{R^2+(2\pi fL)^2}\dot{E}$$

로 된다. 즉, $\dot{E}$를 기준으로 한 경우에 $\dot{I}$의 위상을 θ로 하면

$$\tan\theta = -\frac{2\pi fL}{R}$$

이 되고, 전류 $\dot{I}$의 위상이 전압 $\dot{E}$에 대해 θ 늦어 있는 것을 알겠지? 전류의 크기는 다음과 같다.

$$|\dot{I}| = \frac{\dot{E}}{\sqrt{R^2+(2\pi fL)^2}} = \frac{\dot{E}}{|\dot{Z}|}$$

이것이 벡터로 본, RL의 회로야.

이 그림을 봐. 이 회로의 임피던스 $\dot{Z}$는

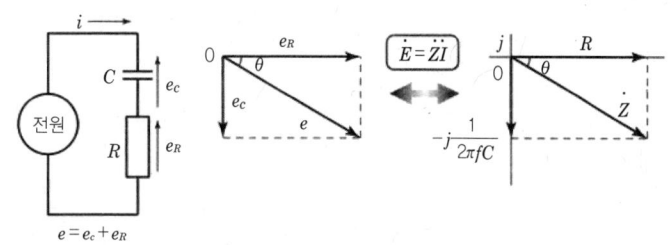

$$\dot{Z}=R+\frac{1}{j2\pi fC}$$

$$\left(=R-j\frac{1}{2\pi fC}\right)$$

이 되지. 이것을 교류전류원 $\dot{I}$를 접속해 보자. 이때 전압 $\dot{E}$와 그 절대치는

$$\dot{E}=\dot{Z}\dot{I}=\left(R-j\frac{1}{2\pi fC}\right)\dot{I}$$

$$|\dot{E}|=\sqrt{R^2+\left(\frac{1}{2\pi fC}\right)^2}\dot{I}=|\dot{Z}|\dot{I}$$

가 된다. R과 C의 양 끝에 발생하는 전압 $\dot{E}$의 위상 θ는

$$\tan\theta=-\frac{1}{2\pi fRC}$$

로, $\dot{E}$는 $\dot{I}$보다 위상 θ만 늦다는 걸 알겠지?

 이번에는 전압을 기준으로 한 벡터 그림이야. 위상의 기준을 전압 $\dot{E}$로 했을 때, 전류 $\dot{I}$는

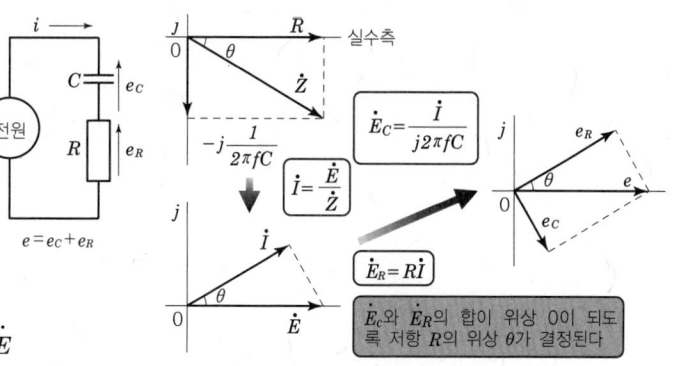

$$\dot{I}=\frac{\dot{E}}{\dot{Z}}=\frac{\dot{E}}{R-j\frac{1}{2\pi fC}}$$

$$=\frac{\left(R+j\frac{1}{2\pi fC}\right)\times\dot{E}}{\left(R-j\frac{1}{2\pi fC}\right)\left(R+j\frac{1}{2\pi fC}\right)}$$

$$=\frac{R+j\left(\frac{1}{2\pi fC}\right)}{R^2+\left(\frac{1}{2\pi fC}\right)^2}\times\dot{E}$$

가 돼. 이것은 전압 $\dot{E}$를 기준으로 했을 때에 전류 $\dot{I}$의 위상을 θ로 하면,

$$\tan\theta=\frac{1}{2\pi fRC}$$

이 되어, $\dot{I}$는 $\dot{E}$보다 위상 θ만 진행하는 것을 알겠지. 그리고
$$2\pi f = \omega$$
로 하면, 식은 좀 더 간단하게 나타낼 수 있어.

 어때? 휴즈 군, 이해되지?

 아~ 그다지 자신이…

 익숙해지면 괜찮아질꺼야.

 나도 춤을 추는 편이 나을 뻔 했네.

다음날…

 자, 드디어 여관 주인이 낸 문제야. 여기까지 왔으면, 이제 알겠지? 이것을 풀 때까지 아침은 없어!

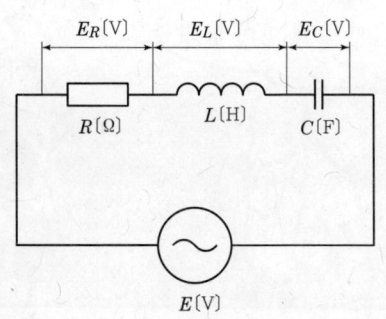

 먹는거 가지고 그러실 필요는 없잖아요. 배가 고프면 싸움을 할 수 없잖아요.

 무슨 말을 하고 있는 거야! 배가 부르면 바로 자고 싶어하면서! 자, 이 회로 각각의 전압 E_R, E_L, E_C와 이 회로의 합성저항 Z를 구해 보자.

 우~, 밥 못 먹는 건 싫어. 한창 자라는 나이인데…

 밥이 먹고 싶으면 어서 풀어. 여기에는 우리들의 운명도 달려있으니까.

 알겠습니다. 직렬에 접속된 회로이므로, 흐르는 전류는 $\dot{I}$라고 생각해도 되지요. 각각의 부품에 나타나는 전압을 $\dot{E}_R$, $\dot{E}_L$, $\dot{E}_C$로 해서, $2\pi f$를 ω로 하면,

$$\dot{E}_R = \dot{I}R, \quad \dot{E}_L = j\omega L\dot{I}, \quad \dot{E}_C = -j\frac{\dot{I}}{\omega C}$$

$$\dot{E} = \dot{E}_R + \dot{E}_L + \dot{E}_C$$

이므로, 회로전체의 저항을 $\dot{Z}$로 해서,

$$\dot{Z} = \frac{\dot{E}_R + \dot{E}_L + \dot{E}_C}{\dot{I}}$$

$$= \frac{\dot{I}R + j\omega L\dot{I} - j\frac{\dot{I}}{\omega C}}{\dot{I}}$$

$$= R + j\omega L - j\left(\frac{1}{\omega C}\right)$$

$$= R + j\left(\omega L - \frac{1}{\omega C}\right)$$

맞나요?

 음. 좋아. 자 식사하자!

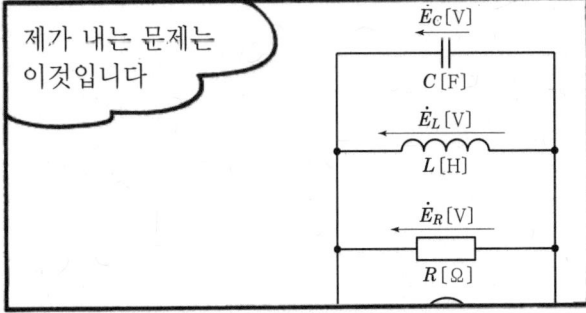

에? 역시 병렬회로?

 걱정하지 마. 병렬회로라면 전류를 중심으로 생각하면 되잖아.

 휴즈 군, 교류의 병렬회로도 직류의 병렬회로와 사고방식은 별로 다르지 않아. 이 경우, 임피던스를 사용하기보다 임피던스의 역수, 어드미턴스를 사용하는 편이 식이 간단하게 된다고 생각해.

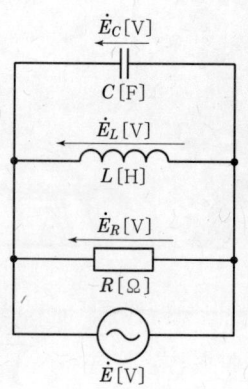

이 회로의 R, L, C 각각에 흐르는 전류와 전체에 흐르는 전류, 그리고 합성저항도 구해 주세요. 이 문제가 풀리면 여기 부품들도 순순히 직장으로 돌아갈 거에요.

 좀 확인해도 될까요? $2\pi f$는 ω로 표시해도 괜찮습니까?

 그건 상관없어요.

 이 회로에서 전압은 $\dot{E}$이므로 각각에 흐르는 전류를 $\dot{I}_R$, $\dot{I}_L$, $\dot{I}_C$라고 하면,

$$\dot{I}_R = \frac{\dot{E}}{R} \text{[A]}$$

$$\dot{I}_L = \frac{\dot{E}}{j\omega L} = -j\left(\frac{\dot{E}}{\omega L}\right) \text{[A]}$$

$$\dot{I}_C = \frac{\dot{E}}{-j\frac{1}{\omega C}} = j\omega C \dot{E} \text{[A]}$$

가 된다. 또한, 전체에 흐르는 전류는 $\dot{I} = \dot{I}_R + \dot{I}_L + \dot{I}_C$로

$$\dot{I} = \frac{\dot{E}}{R} - j\left(\frac{\dot{E}}{\omega L}\right) + j\omega C \dot{E} = \left\{\frac{1}{R} - j\left(\frac{1}{\omega L} - \omega C\right)\right\}\dot{E} \text{ [A]}$$

합성저항은 $\dot{Z} = \frac{\dot{E}}{\dot{I}}$이므로,

$$\dot{Z} = \frac{\dot{E}}{\left\{\frac{1}{R} - j\left(\frac{1}{\omega L} - \omega C\right)\right\}\dot{E}} = \frac{1}{\frac{1}{R} - j\left(\frac{1}{\omega L} - \omega C\right)} \text{ [Ω]}$$

제3장 교류회로

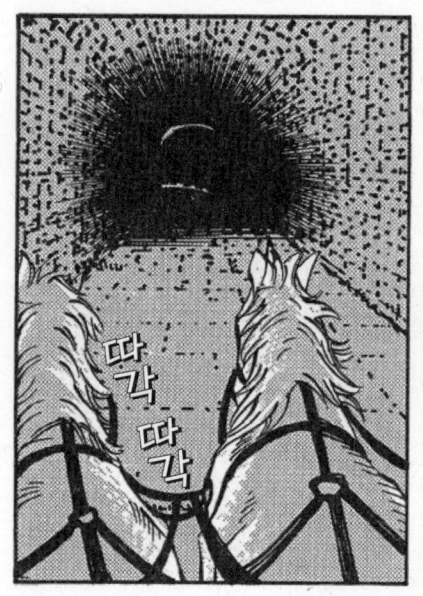

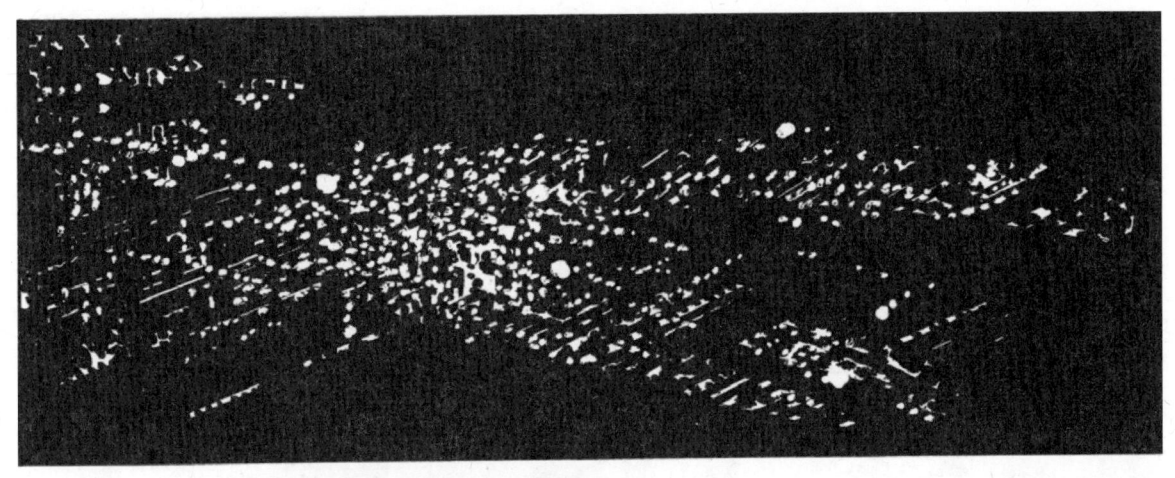

이곳은 대단하군.

이 마을에서 이정도로 전력소비가 엄청나면 다른 마을까지 전력이 돌아가지 않겠네요.

어쩌면 이 마을이 원인이 되어 전력공급이 불안정하게 된 건지도 모르겠군.

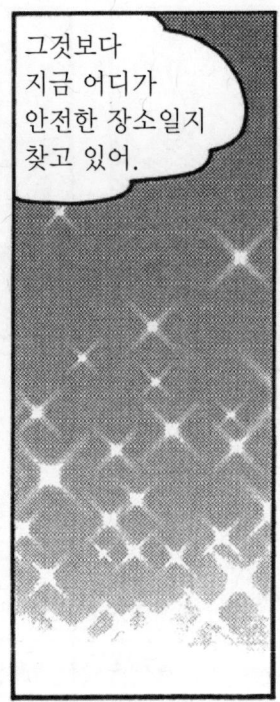

● 교류전력을 나타내는 법

직류회로의 경우에서 설명한 전압을 E, 전류를 I라고 할 때, 전력 P가

$$P = EI \text{ (W)}$$

가 되는 것은 알고 있지? 교류에서는 E도 I도 시간과 함께 변화한다. 여기에서는 e, i 소문자로 표시한다. e, i가 변화한다는 것은 당연히 P도 변화한다. 직류회로에서는 발생하지 않는 변화도 발생한다. 그것을 지금부터 배워보자.

정현파전압 $e = \sqrt{2} E \sin \omega t$

정현파전류 $i = \sqrt{2} I \sin(\omega t - \theta)$

일 때의 전력 $P = ei$를 구하시오. E와 I는 실효치이다.

$$\cos(A-B) - \cos(A+B) = 2\sin A \sin B$$

라는 삼각함수공식을 사용한다.

$A = \omega t$

$B = \omega t - \theta$

로 된다.

삼각함수에 관해서는 다음 페이지에 정리해두었으니, 익혀두도록.

교류전력의 계산
$P = ei = \sqrt{2} E \sin \omega t \times \sqrt{2} I \sin(\omega t - \theta)$
　　$= 2EI\{\sin \omega t \times \sin(\omega t - \theta)\}$
　　$= EI \cos \theta - EI \cos(2\omega t - \theta)$

↓ 이 계산결과에서 알 수 있는 것

❶ $EI \cos \theta$는 시간 t를 포함하지 않기 때문에, 시간에 대해 변화하지 않는다. 즉 일정치이다.
❷ $EI \cos(2\omega t - \theta)$는 $2\omega t$이기 때문에, 전압과 전류에 대해서 2배의 주파수의 정현파로, 따라서 1주기에서의 평균은 0이 된다 (오른쪽 그림 참고).
❸ 순간순간의 교류전력은
　❶-❷이므로,
　$P = EI \cos \theta$ (W)
　가 된다.

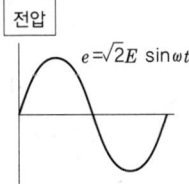

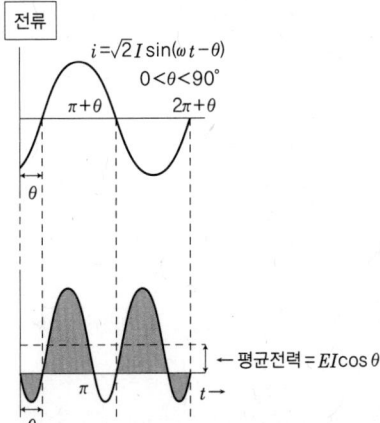

❶ 전력은 전압·전류의 2배의 주파수로 변화하고 있다.
❷ 순시전력 P = 평균전력 - 전력의 정현파분
　　　　　　$= EI \cos \theta - EI \cos(2\omega t - \theta)$
　$\theta = $ 에서 0과 $P = EI \cos \theta$, $\theta = 90°$ 와 $P = 0$

제3장 교류회로

피타고라스의 정리

$a^2 + b^2 + c^2$

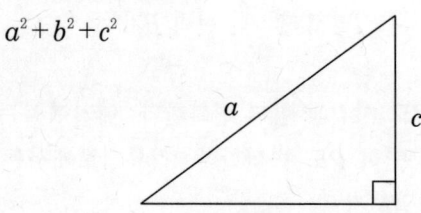

가법정리

$$\sin(\alpha \pm \beta) = \sin\alpha \cos\beta \pm \cos\alpha \sin\beta$$
$$\cos(\alpha \pm \beta) = \cos\alpha \cos\beta \mp \sin\alpha \sin\beta$$
$$\tan(\alpha \pm \beta) = \frac{\tan\alpha \pm \tan\beta}{1 \mp \tan\alpha \tan\beta}$$

2배각의 공식

$$\sin 2\alpha = 2\sin\alpha \cos\alpha$$
$$\begin{aligned}\cos 2\alpha &= \cos^2\alpha - \sin^2\alpha \text{(가법정리)} \\ &= \cos^2\alpha - (1-\cos^2\alpha) \\ &\quad \because \sin^2\alpha + \cos^2\alpha = 1 \\ &= 2\cos^2\alpha - 1 \\ &= 1 - 2\sin^2\alpha\end{aligned}$$

$$\tan 2\alpha = \frac{2\tan\alpha}{1-\tan^2\alpha}$$

 계산결과에서 평균치=0이 되므로,

$$P = EI \cos\theta \ [W]$$

가 된다. θ는 역률각으로 $\cos\theta$를 역률이라 한다.

여기부터가 문제다. 교류회로에서는 값이 시간에 따라 '+'일 때와 '−'일 때가 있다. 이것은 전원과 회로의 부하가 에너지를 교환하고 있기 때문에 일어난다.

교류전력을 더 세분화하여 보자. 전력이란 단위시간 당 전류가 할 수 있는 일의 량으로 본래 분해 등은 할 수 없으므로 회로설계로서 수학적으로 분해하여 이해를 깊게 하자는 의미이다.

교류전력에 대해서 정리해 봤어. 이것을 보면서 해설을 진행하자.

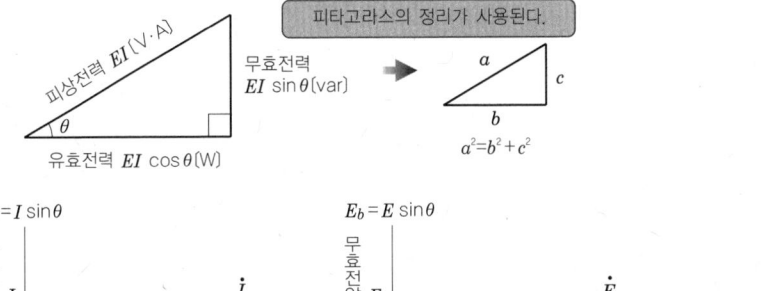

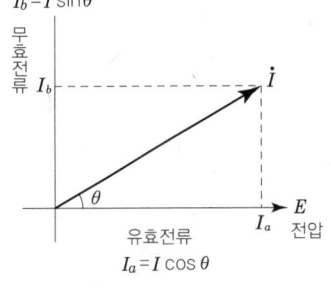

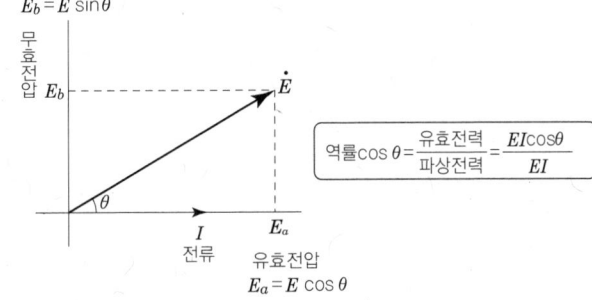

EI = 피상전력

$EI \cos\theta$ = 전력 P(유효전력인 경우도 있다)

$EI \sin\theta$ = 무효전력 Q(단위로 바〔var〕를 이용한다)

전력과 무효전력은 직각의 관계이므로, 다음의 식이 성립한다. 피타고라스의 정리이다.

$$[피상전력]^2 = [전력]^2 + [무효전력]^2$$

그리고 교류전력의 분해도에서,

$I \cos\theta$ = 유효전류(전류의 유효분이라고도 한다)

$I \sin\theta$ = 무효전류(전류의 무효분이라고도 한다)

가 된다. 유효분과 무효분도 직각의 관계이다.

동일하게 전압에 대해서도,

$E \cos\theta$ = 유효전압 (전압의 유효분)

$E \sin\theta$ = 무효전압(전압의 무효분)

이 된다. 이들로부터, 다음의 식도 이끌어 낼 수 있다.

$$역률 = \frac{전력}{피상전력} = \frac{P}{EI} = \frac{EI \cos\theta}{EI} = \cos\theta$$

전력 = 전압 × 유효전류 = 전류 × 무효전압

무효전력 = 전압 × 뮤효전류 = 전류 × 무효전압

전기회로의 계산에서는 그 상황에 맞게 이들을 잘 사용하는 것이 중요하다.

● 전력과 인피던스와 역률의 관계

 다음은 전력과 인피던스와 역률의 관계를 살펴보자. 저항 r과 리액턴스 x의 직렬회로에 실효치 E의 정현파전압을 더해, 그 전류의 실효치를 I라고 한다. 이때의 전력을 P, 무효전력을 Q로 하면, 다음과 같은 관계가 성립한다.

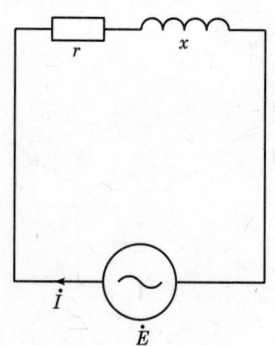

$$P = EI\cos\theta$$
$$Q = EI\sin\theta$$

또, 전압의 관계로부터 다음과 같게도 나타낼 수 있다.

$$E\cos\theta = rI$$
$$E\sin\theta = xI$$
$$E = ZI = \sqrt{(r^2+x^2)}\,I$$

그러므로, 이것을 사용해 P와 Q를 나타내면 다음과 같다.

$$P = EI\cos\theta = I^2 r$$
$$Q = EI\sin\theta = I^2 x$$

이 식으로부터, 전력 P는 저항 r에 의해 소비되고, 무효전력 Q는 리액턴스 x에 의해 소비되는 것을 알 수 있다. 또한, 전류 I를 벡터 표시해 보면,

$$\dot{I} = \frac{\dot{E}}{\dot{Z}} = \frac{\dot{E}}{Z\varepsilon^{j\theta}} = \frac{\dot{E}}{Z}\varepsilon^{-j\theta} \qquad \{\varepsilon(\text{입실론}) : \text{자연대수의 저변}\}$$

기 되어, 역률각 θ는 인피던스 $\dot{Z}$에 의해 정해지게 된다.

$$\dot{Z} = r + jx$$

가 되면,

$$\tan\theta = \frac{x}{r},\ \cos\theta = \frac{r}{|\dot{Z}|} = \frac{r}{\sqrt{r^2+x^2}}$$

이 된다. 그래서, 역률각을 인피던스각이라고도 한다.

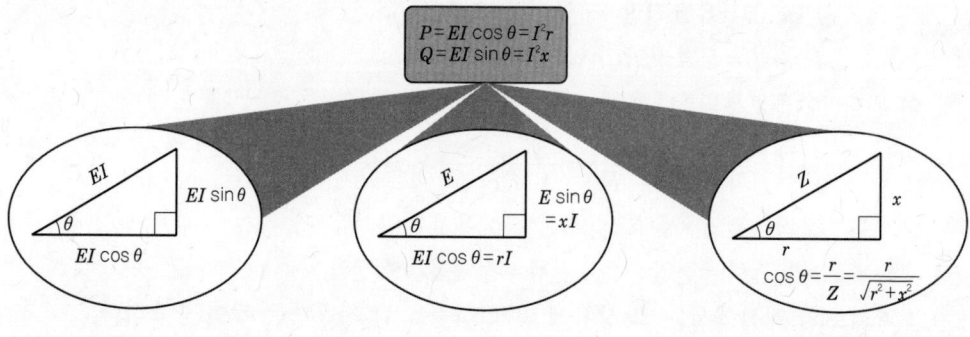

● 전력의 벡터 표시

 다음은 전력의 벡터 표시다. 정현파 교류의 전압과 전류는 복소수를 사용해 나타낼 수 있다. 그러면, 전력은 어떨지 살펴보자.

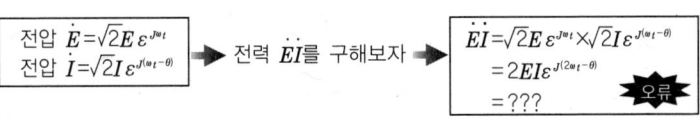

보시다시피 피상전력 EI의 2배의 값이 2배의 주파수로 위상차 ϕ의 정현파로 되고 있다.

 이거 올바른 건가요?

 좀 전에도 말한 대로, 전력도 그 순간순간에 변화하고 있기 때문에 지금까지의 벡터 표시로는 전력의 순시치는 구할 수 없어.

 그럼, 어떻게 하나요?

 전력의 벡터를 구하는 경우, 순시치가 아닌 실효치를 사용한다. 거기에 공액복소수도 사용한다. 아래에 정리해 놓았으니까 잘 봐두도록.
공액복소수는 허수부분의 +−부호를 거꾸로 한 것으로, 예를 들면,
$$\dot{A}=a+jb$$
의 경우,
$$\overline{\dot{A}}=a-jb$$
이 된다. $\dot{A}$의 윗부분에 바(⁻) 기호를 붙인다.

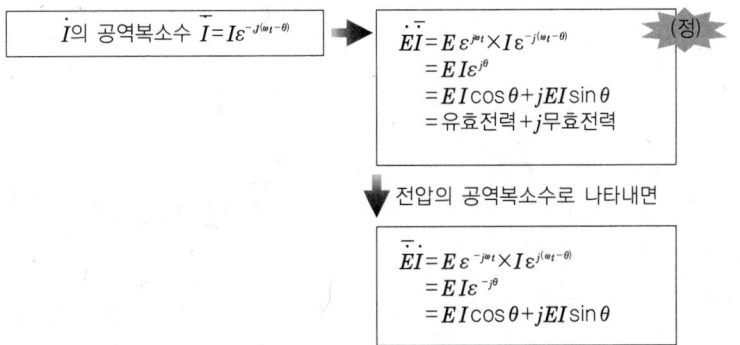

무효전력 Q의 부호가 반전하고 있지. 늦은 무효전력을 $+j$로 할 때는, $\dot{E}\dot{I}$로 계산해. 이정도로, 교류전력에 대해서는 대충 다 배웠어. 다음은 실전이다!

 마스터, 그 전에 연습문제를 부탁해요.

 뭐? 휴즈 자신 없는 거야?

 아, 아니야! ~

마스터 요타의 포스업 강좌④
교류전력

좋아. 휴즈, 이 예제를 풀어봐.

예제

이 그림과 같이 R-L-C 직렬회로에서, 전원의 주파수를 f로 해서, 소비전력이 최대가 되는 저항 R의 값을 구해. 조건으로서, 전압 E, 인덕턴스 L, 정전용량 C는 일정하다.

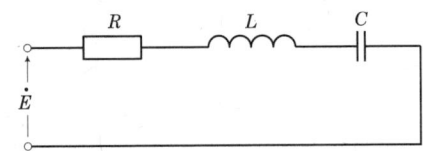

넵! 맡겨주세요. 이 그림에서, 전원으로부터 본 회로의 임피던스를 Z라고 하면,

벡터 $\dot{Z} = R + j\left(\omega L - \dfrac{1}{\omega C}\right)$ [Ω]

절대치 $|Z| = \sqrt{R^2 + \left(\omega L - \dfrac{1}{\omega C}\right)^2}$ [Ω]

회로의 역률 $\cos\theta = \dfrac{R}{\sqrt{R^2 + \left(\omega L - \dfrac{1}{\omega C}\right)^2}}$

이 된다. 이때의 전류 I는,

절대치 $|I| = \dfrac{E}{Z} = \dfrac{E}{\sqrt{R^2 + \left(\omega L - \dfrac{1}{\omega C}\right)^2}}$ [A]

이 회로의 소비전력은 교류회로의 유효전력식으로부터,

소비전력 $P = EI\cos\theta$

$= E \times \dfrac{E}{\sqrt{R^2 + \left(\omega L - \dfrac{1}{\omega C}\right)^2}} \times \dfrac{E}{\sqrt{R^2 + \left(\omega L - \dfrac{1}{\omega C}\right)^2}}$

$= \dfrac{RE^2}{R^2 + \left(\omega L - \dfrac{1}{\omega C}\right)^2}$ [W] ⋯①

문제는 여기서 부터에요. 식 ①의 분자와 분모를 R로 나눠서 다음과 같이 변형해요.

$$P = \frac{E^2}{R + \frac{\left(\omega L - \frac{1}{\omega C}\right)^2}{R}} \quad \cdots ①$$

이 P를 최대로 하기 위해서는 식②의 분모를 최소로 하면 되기 때문에, 융 형에게 살짝 배운 「최대전력의 정리」를 사용합니다.

> **최대전력의 정리**
> 2수 x, y의 곱 K가 주어질 때, 그 2수의 합이 최소가 되는 것은 2수가 같을 때이다.

이 정리에 의해 분모의 2개 항의 곱 K를 구하면,

$$K = R \times \frac{\left(\omega L - \frac{1}{\omega C}\right)^2}{R} = \left(\omega L - \frac{1}{\omega C}\right)^2 = 일정$$

이 되고, K가 일정하면 2수가 같을 때 최소가 되기 때문에,

$$R = \frac{\left(\omega L - \frac{1}{\omega C}\right)^2}{R} \Rightarrow R^2 = \left(\omega L - \frac{1}{\omega C}\right)^2$$

$$\therefore R = \left(\omega L - \frac{1}{\omega C}\right)^2$$

식③일 때, 식②의 분모가 최소이고 식②가 최대가 된다. 최대소비전력을 P_{max}라고 하고 식③의 값을 대입하면

$$R_{max} = \frac{E^2}{R + \frac{R^2}{R}}$$
$$= \frac{E^2}{\frac{R^2 + R^2}{R}}$$
$$= \frac{E^2}{2R} \text{ [W]}$$

문제는 이거다!
오른쪽 그림의 회로에서, jX_1을 흐르는 전류 $\dot{I}_1$을 구하라.
단, E_1과 E_2는 같은 형태이고, 또
$$E_1=100\,[V],\ E_2=60\,[V]$$
$$X_1=30\,[\Omega],\ X_2=20\,[\Omega],\ X_3=10\,[\Omega]$$
으로 한다.

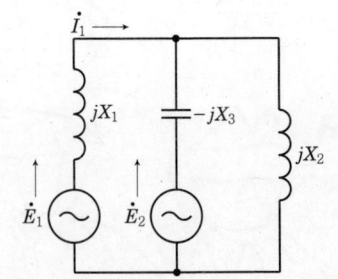

 이거, 키르히호프의 법칙으로 풀 수 있을 것 같네. 좋아! 해볼까? 전류를 오른쪽 그림과 같이 가정하면 키르히호프의 법칙에서,

루프 ❶ $jX_1\dot{I}_1-jX_3(-\dot{I}_2)$
$\qquad =\dot{E}_1-\dot{E}_2 \qquad \cdots$ ①

루프 ❷ $-jX_3\dot{I}_2+jX_2(\dot{I}_1+\dot{I}_2)$
$\qquad =\dot{E}_2 \qquad \cdots$ ②

식①, 식②에서 수식을 대입하여
$$j30\dot{I}_1+j10\dot{I}_2=100-60$$
$$j30\dot{I}_1+j10\dot{I}_2=40 \qquad \cdots ③$$
$$-j10\dot{I}_2+j20(\dot{I}_1+\dot{I}_2)=60$$
$$j20\dot{I}_1+j10\dot{I}_2=60 \qquad \cdots ④$$

식③-식④로부터
$$j10\dot{I}_1=-20$$
$$\therefore \dot{I}_1=j2\,[A]$$
$$I_1=|\dot{I}_1|=2\,[A]$$

어때!

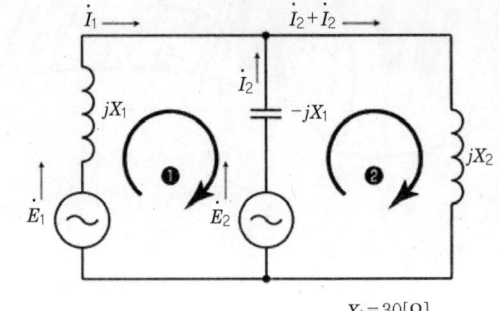

$X_1=30\,[\Omega]$
$X_2=20\,[\Omega]$
$X_3=10\,[\Omega]$

 문제가 풀렸다! 모두들! 작업장으로 돌아가!

 꺄아~! 휴즈!! …보물 두 개야… 해냈다~!!

Follow up

공진회로, 테브난의 정리

■ 공진회로

교류회로의 인피던스

$$\dot{Z} = R + j\left(\omega L - \frac{1}{\omega C}\right)$$

$\omega L - \frac{1}{\omega C}$ 일 때에 일어나는 현상.

이 때의 주파수를 공진주파수라고 하고 다음 식으로 나타낸다.

$$\text{공진주파수 } f = \frac{1}{2\pi\sqrt{LC}}$$

인피던스가 저항분 R만이 되어, 전압과 전류가 동상으로 최대가 된다. 공진회로는 발진회로 등의 여러 가지 전기회로에 응용되고 있다. 또한, 대전류가 흘러 나쁜 영향을 미치기도 한다.

■ 테브난의 정리

테브난의 정리란 어떤 복잡한 회로에서도 어떤 단자에 인피던스 Z를 접속하는 경우, 그 단자의 접속 전의 전압을 알고 있으면, 가장 단순한 회로로 계산할 수 있다고 하는 정리이다. 어떤 회로망 속의 임의의 두 단자를 a,b라고 하고, ab간에 나타나는 전압을 E_{ab}라고 하면, 이 ab간에 인피던스 Z를 접속한 경우, Z에 흐르는 전류는

$$\dot{I} = \frac{\dot{E}_{ab}}{\dot{Z}_0 + \dot{Z}}$$

이다. 여기에서 $\dot{Z}_0$는 회로망에 포함된 모든 기전력을 제거한 ab단자에서 본 합성 인피던스이다.

그 사고방식을 간단하게 직류로 나타내면 다음과 같다.

① 어떤 복잡한 회로가 있고 그 회로의 단자 ab 사이에 전압 E_{ab}가 나타나있다. 여기에 저항 R을 접속한 경우의 전류를 구하는 문제이다. 그 전에, 이 단자에 E_{ab}를 없애는 기전력

E_1을 접속하면, R을 접속해도 전류는 흐르지 않게 된다.

② 다음으로, 이 회로와 완전히 같은 회로로, 그 중에 기전력은 없는 것으로 하여, E_1의 경우에 E_1과 반대 방향의 기전력 E_2가 있는 회로를 생각하면, E_2는 E_{ab}와 같기 때문에 전류는

$$I = \frac{E_{ab}}{R_0 + R}$$

이 된다. 여기에서 R_0은 ab에서 본 회로망의 합성저항이다.

③ 거기에서, 이번에는 이 2개의 회로를 겹쳐본다. 그러면 E_1과 E_2는 방향이 반대이기 때문에 기전력은 아무것도 없는 상태로 된다. 그리고 ①에서는 전류가 흐르지 않으므로 중첩의 정리로 전류는

$$0 + I = I$$

가 된다.

156페이지의 문제를 중첩의 정리와 테브난의 정리로 풀면 다음과 같다.

중첩의 정리로 풀기
(중첩의 정리는, 제 2장 Follow up → p.74를 확인)
(1) E_2를 단락해 E_1에만, jX_1을 흘리는 전류 $\dot{I}'_1$는

$$\dot{I}'_1 = \frac{100}{j30 + \dfrac{-j10 \times j20}{-j10 + j20}} = -j10$$

(2) E_1을 단락해 E_2뿐인 경우, $-jX_3$를 흘리는 전류 $\dot{I}'_3$는

$$\dot{I}'_3 = \frac{60}{-j10 + \dfrac{-j30 \times j20}{-j30 + j20}} = -j30$$

(3) $\dot{I}'_3$에서, jX_1에 분류하는 분을 $\dot{I}''_1$로 하면

$$\dot{I}''_1 = -j30 \times \frac{j20}{j30 \times j20} = -j12$$

jX_1을 흘리는 전류는, 문제에 있는 $\dot{I}_1$의 방향을 정으로 하면

$$\dot{I}_1 = \dot{I}'_1 - \dot{I}''_1$$
$$= -j10 - (-j12)$$
$$= +j2$$
$$\therefore I_1 = |\dot{I}_1| = 2 \text{ (A)}$$

테브난의 정리로 풀기

(1) jX_1의 정류를 구하기 위해 그림과 같이 회로를 분리해, AB사이에 나타난 전압을 구한다. C점의 전압을 $\dot{E}_3$, 전류를 $\dot{I}_2$라고 하면,

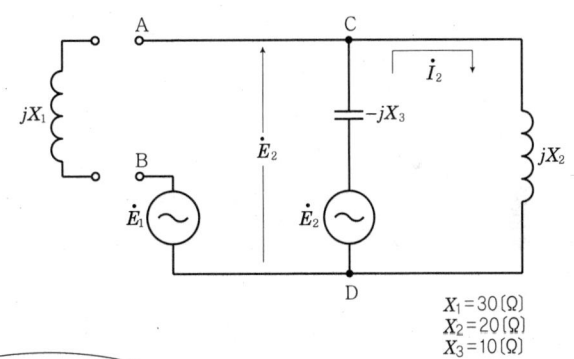

$$\dot{I}_2 = \frac{\dot{E}_2}{j20 - j10} = \frac{60}{j10}$$
$$= \frac{j60}{((j \times j) \times 10)}$$
$$= \frac{j60}{(-10)}$$
$$= -j6 \text{ (A)}$$

분모와 분자에 j를 곱한다
$(j \times j) = -1$

$$\dot{E}_3 = \dot{E}_2 - (jX_3)\dot{I}_2$$
$$= 60 - (-j10) \times (-j6)$$
$$= 60 + 60$$
$$= 120 \text{ (V)}$$

$\dot{E}_1$, $\dot{E}_2$, $\dot{E}_3$의 벡터도는 다음과 같다.

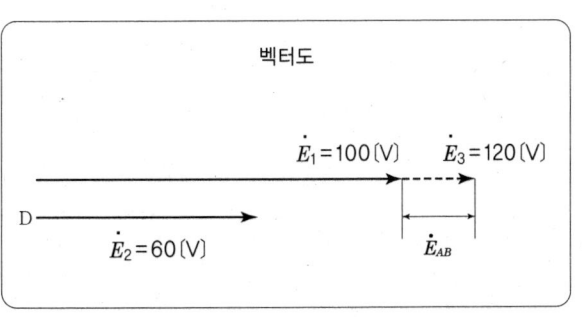

따라서, AB 사이의 전압 E_{AB}는
$$E_{AB} = 20 [V]$$
이다.

(2) AB로부터 본 임피던스 $\dot{Z}_0$은

$$\begin{aligned}\dot{Z}_0 &= \frac{j20 \times (-j10)}{j20 + (-j10)} \\ &= \frac{-(j \times j) \times 200}{j20 - j10} \\ &= \frac{-(-1) \times 200}{j10} \\ &= \frac{200}{j10} \\ &= -j20 \ [\Omega]\end{aligned}$$

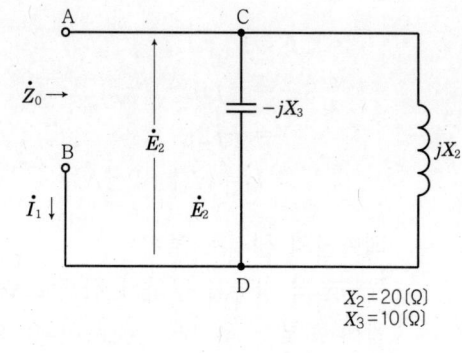

따라서, jX_1을 흐르는 전류 $\dot{I}_1$는

$$\begin{aligned}\dot{I}_1 &= \frac{E_{AB}}{Z + Z_0} \\ &= \frac{20}{j30 - j20} \\ &= -j2 \ [A]\end{aligned}$$

- 부호가 있기 때문에 전류방향은 그림의 반대가 된다.

만화로 쉽게 배우는 전기회로

CHAPTER 04

삼상 교류회로

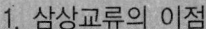

1. 삼상교류의 이점
2. 삼상교류의 접속
3. 삼상교류를 벡터로 생각한다
4. Y와 △가 만드는 삼상교류
5. 삼상교류의 전력

1. 삼상교류의 이점

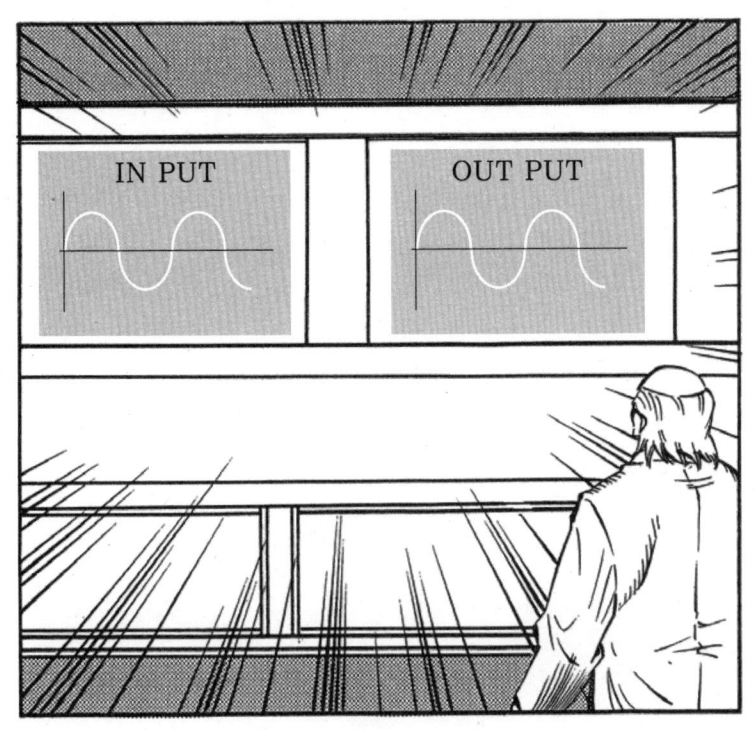

● **삼상교류가 사용된 이유**

 도대체 왜, 가정용 전원에 교류가 사용되게 된 걸까? 세계 최초의 발전소는 직류발전기로, 1879년에 에디슨이 만든 것이다. 그러나, 직류발전기는 전압 강하가 크기 때문에 멀리까지 송전하지 못했어. 직류에서는 한 번 전압이 내려가면, 그것을 원래대로 돌릴 수 없었어. 거기에서 등장한 것이 교류발전기이다. 교류는 트랜스를 사용해 전압을 올리고 내리는 것을 간단하게 할 수 있기 때문에, 직류보다도 멀리까지 송전할 수 있어. 삼상교류는 단상교류보다도 좀 더 경제적으로 송전할 수 있어. 가정에서는 단상교류이지만, 송전선이나 공장으로 끌어들이는 것은 삼상교류로 하고 있어. 이 그림을 봐 둬.

지금부터 가는 변전의 마을은 이 그림에서 말하면 ○로 둘러싸인 부분에 해당된다. 이곳에서는 틀림없이 삼상교류가 문제일 거야. 거기에 가기 전에 너희들은 지금 삼상교류를 공부해 두지 않으면 안 돼.

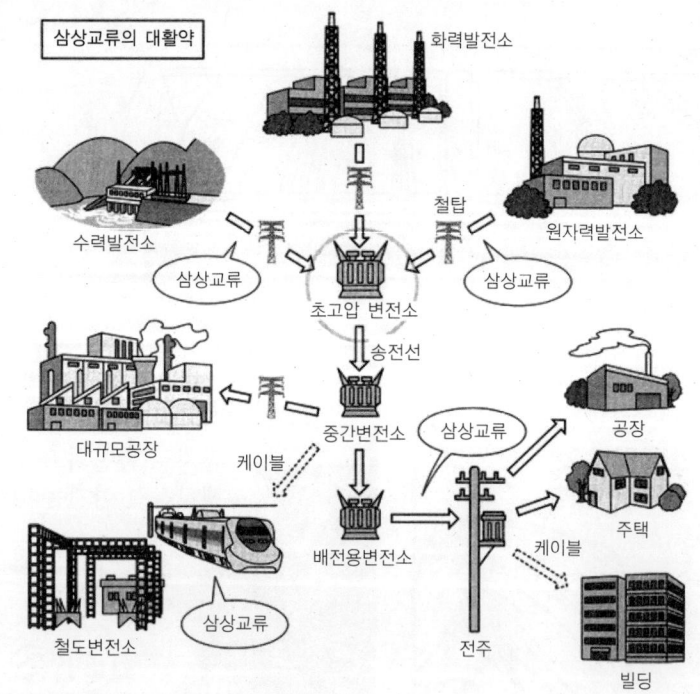

 역시 꽤 어렵군요.

 어려워도 할 수 없잖아! 문제를 풀면 보물이 들어오고, 우리들의 자금이 윤택해지는 거야!

 코스모, 가끔은 네가 대처해 봐!

 어머, 나는 아직 수학도 물리도 전기회로도 한창 공부하는 중이란 말야. 마스터 요타, 휴즈를 좀 더 엄하게 훈련시키세요!

 오우, 맡겨줘! 내 운명도 휴즈의 손에 달려있으니.

2. 삼상교류의 접속

● 성형과 환상형

이것을 봐줘.

이렇게 전원이 많은 것을 다상교류라고 해. 그 중에서 맘대로 쓰기 가장 편한 방식이 삼상교류야. 삼상교류에서 각각의 기전력이 같고, 이웃끼리 위상차가 모두 같은 것을 대칭삼상교류라고 한다.

내가 강의하는 것은 이 대칭삼상교류야. 이것이 1회전 중 즉, 2π[rad] 중에서 이웃끼리의 위상차가 같게 되는 것은,

$$360° \div 3 = 120°$$

즉,

$$\frac{2}{3}\pi \text{[rad]}$$

이다. 삼상교류의 접속 방법에는 2종류가 있다. 성형(Y : 스타형)과 환상형(△ : 델타형)이다. 부하(임피던스)의 접속도 같다.

제4장 삼상교류회로 **165**

3. 삼상교류를 벡터로 생각한다

● 벡터 오퍼레이터

그림 ❶을 봐. 삼상기전력을 각각 E_a, E_b, E_c라고 하면, 그 순시치의 차례는 위상차에 의해 각각 120° 늦어서 abc의 순으로 나타난다. E_a를 기준으로 벡터로 표현하면, 그림 ❷와 같이 된다. 이 때, 전압을 1로 생각하고 이 벡터 그림을 보자.

교류회로에서 허수단위 j를 사용했다. 이렇게 생각하는 방법은 같은 것으로, 크기를 바꾸지 않고 반시계 방향으로(여기가 중요, 반드시 반시계 방향이다) 120°씩 변화시키는 작용자를 a라고 한다. 이 a는 정지 벡터로서의 표시방법으로, 벡터 오퍼레이터라고 한다. 즉, a를 곱하면 120° 전진하고, 2승하면 240° 전진하며, 더욱이 a를 곱하고 3승하면 원래대로 돌아온다. 이 벡터 오퍼레이터는 회전 벡터를 정지 벡터로 바꿔주는 것이다.

크기 1의 삼상교류를 1, a, a^2로 나타낼 수 있다. 크기가 E일 때는, 각각에 E를 곱하면 된다. 그리고 나서, 이 3개를 더하면 벡터는 0이 된다. 즉,

$$1+a+a^2=0$$

이 된다. 여기는 중요한 부분이므로, 확실히 익혀두도록.

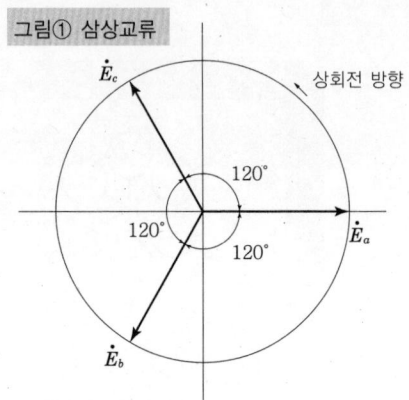

그림① 삼상교류

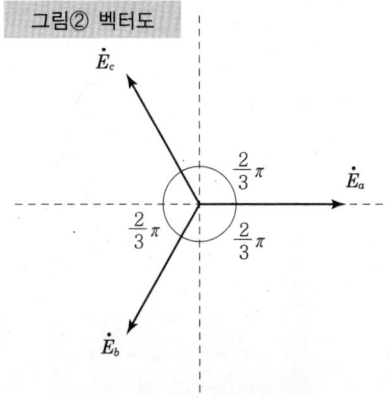

그림② 벡터도

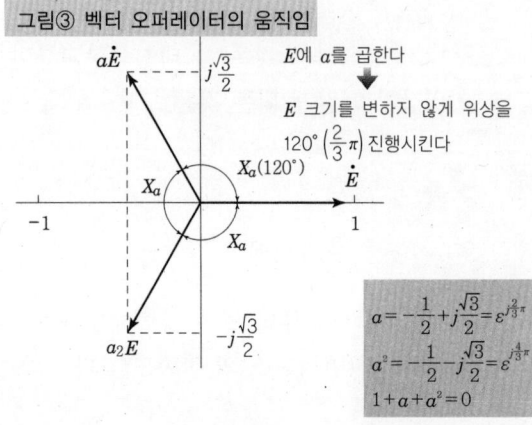

그림③ 벡터 오퍼레이터의 움직임

E에 a를 곱한다
↓
E 크기를 변하지 않게 위상을 120° ($\frac{2}{3}\pi$) 진행시킨다

$a = -\frac{1}{2} + j\frac{\sqrt{3}}{2} = \varepsilon^{j\frac{2}{3}\pi}$
$a^2 = -\frac{1}{2} - j\frac{\sqrt{3}}{2} = \varepsilon^{j\frac{4}{3}\pi}$
$1+a+a^2=0$

● 전선이 3개인 이유

 여기서 부터가 삼상교류의 재미있는 점이다. 삼상교류란, 위상이 0°, 120°, 240°의 단상교류를 합친 것이다. 먼저 이 그림이다.
보는 것과 같이, 처음에는 각각의 교류전원이 폐회로를 만들고 있다. 이 때 부하가 모두 같은 크기라고 하면, 전류는 위상은 다르지만 같은 크기가 된다. 그렇게 하면, 정중앙의 O로 둘러싼 전선을 한 개로 합칠 수 있다. 그러면 어떻게 될까?

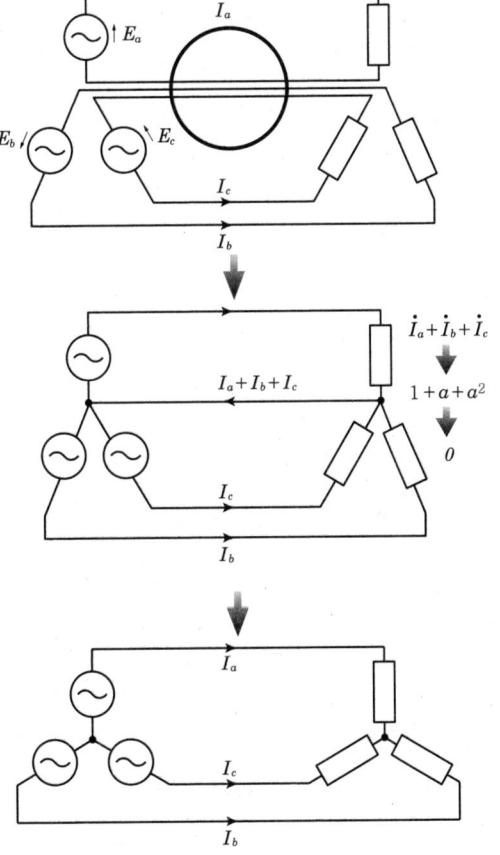

 전체 전선이 4개가 되요.

 맞았어. 그리고, 여기에서는 크기와 주파수가 같아, 위상차가 120°, 240°가 되는 전류가 흐르고 있다. 이 전류를 각각 $\dot{I}_a$, $\dot{I}_b$, $\dot{I}_c$라고 하고, 그 합계를 $\dot{I}_0$로 계산하면,

$$\dot{I}_0 = \dot{I}_a + \dot{I}_b + \dot{I}_c \quad \cdots ①$$

으로 구할 수 있다. 삼상 벡터를 생각하면,

$$\dot{I}_a = I \quad \cdots ②$$
$$\dot{I}_b = a^2 I \quad \cdots ③$$
$$\dot{I}_c = aI \quad \cdots ④$$

식②, 식③, 식④를 식①에 대입하면…, 자, 휴즈 어떻게 될까?

$$\dot{I}_0 = I + a^2 I + aI$$
$$= I(1 + a^2 + a)$$

앗! 이것은 0이 되어서, 전류가 흐르지 않게 되요.

 맞아. 그러면 여기는 전선이 필요하지 않게 되지.

4. Y와 △가 만드는 삼상교류

● Y결선과 △결선

전류의 크기가 같으면 전선이 3개가 되는 것은 알았지? 그러면, 실제로는 어떻게 될까? Y결선과 △결선이 있는 것은 아까 설명했어. 이 방법은 전원측과 부하측의 양쪽으로 말할 수 있기 때문에, 합치면 그림과 같이 4가지가 된다.

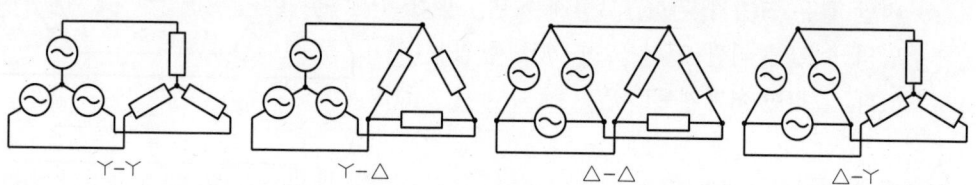

우선은 전원측에서 보도록 하자. 이것은 전원측의 Y결선이다. 각상의 전압을 상전압이라고 하고, a,b,c 각 단자간의 전압을 선간전압이라고 한다. 상전압과 선간전압의 관계는 각상의 벡터의 뺄셈이 된다. 즉,

$$E_{ab} = E_a - E_b$$

선간전압은 벡터 그림에 의해
선간전압 = $\sqrt{3}$ × 상전압
이 되고, 각 선간전압의 위상은 각 상전압보다도 30° ($\frac{\pi}{6}$) 앞서 있다.

이것은 상전압을 △결선한 것과 같게 된다. 즉 등가회로다.

다음은 부하에 대해서 생각해 보자. △결선된 대칭삼상부하에 대칭삼상전압을 더했을 때의 전류를 생각해 보자. 각 상의 전류는 키르히호프의 제2법칙

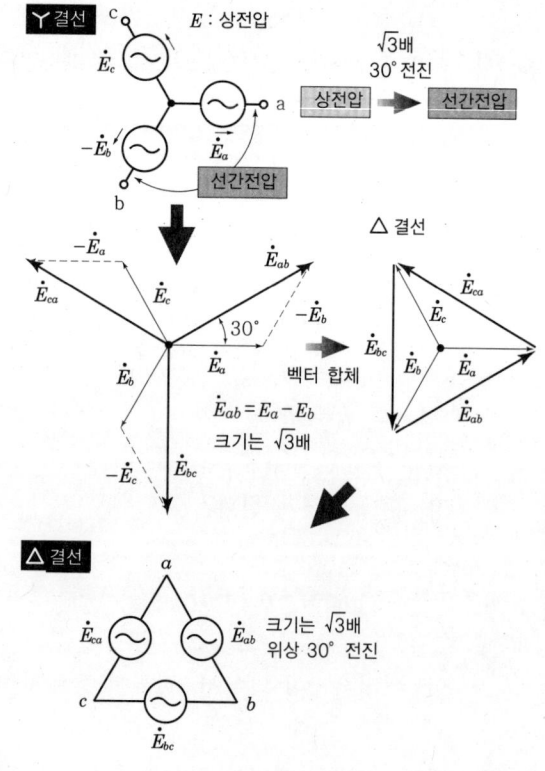

(전압강하의 법칙『닫힌회로 내의 기전력의 합과 부하에서 소비되는 전압의 합은 같다』)을 사용해 구할 수 있다. 대칭삼상부하이므로 각 상의 전류, 즉 상전류도 각각 120° ($\frac{2\pi}{3}$)의 위상차가 있다.

그리고 각 선의 전류, 선전류는 키르히호프의 제1법칙(전류보존의 법칙 『전기회로의 어느 한 점에 흘러 들어오는 전류의 총합은 거기에서 흘러나오는 전류의 총합과 같다』)에서, 각 상전류의 벡터적인 뺄셈이 된다. 즉 a점에서,

$$\dot{I}_a = \dot{I}_{ab} - \dot{I}_{ca}$$

가 된다. 즉,

선전류 $=\sqrt{3} \times$ 상전류

가 되고, 각 선전류의 위상은 각 상전류보다 $30°(\frac{\pi}{6})$ 뒤져 있는 것을 알 수 있다.

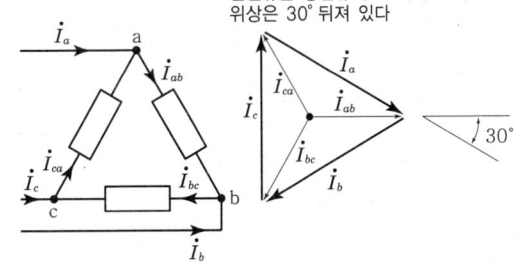

● Y-Y결선과 Y-△결선

이번에는 전원과 부하, 양방향을 보도록 하자. 이것은 양방향과 Y의 회로다. N과 N′에 선을 끌어 4선까지 스타트한다.
이 그림을 보면 단상교류의 편성이라는 것을 알겠지.

N-N′간의 전류는,

$$I_a + I_b + I_c$$

로 구해지고, 이것은 대칭삼상회로에서 각각의 크기가 같고, 위상이 120°이므로 합계는 0이 된다. 즉, N-N′ 사이에는 전류가 흐르지 않는다!

알아냈구나! 그러니까, N-N′간의 전선도 필요 없게 된다. 이때,

선간전압 $=\sqrt{3} \times$ 상전압(30° 전진)

선전류 $=$ 상전류

가 되어, 선간전압에 비해 선전류는 30° 뒤진 형태가 된다.

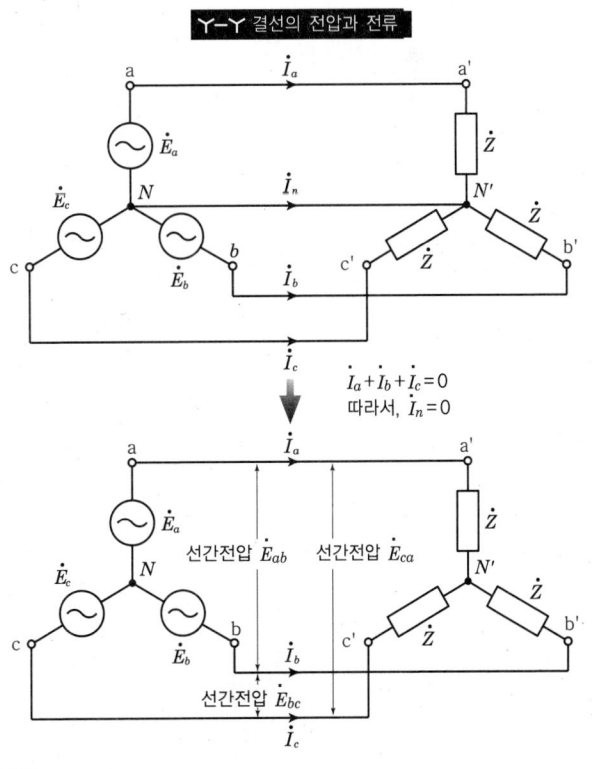

이번에는 전원이 Y결선이고 부하가 △결선인 경우이다. 이것을 생각할 때, 선간전압이 상전압보다 30° 위상이 전진해 있는 것에 주의해. 각 부하에 상전압이 아니라, 선간전압이 더해지는 것에도 주의해. 휴즈, 이것을 벡터로 나타내봐.

 그러니까, 선간전압과 동상의 상전류가 흐르고, 상전류보다 30° 늦은 선전류가 있어서, 이것은 선간전압보다 30° 뒤져 있어요. 선간전압은 상전압보다 30° 진행되고 있기 때문에, 먼저 30° 전진하고, 다음으로 30° 늦추면, 결과는 동상이 되요.

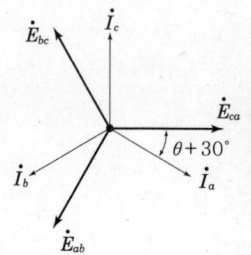

선간전압은 상전압 보다 30° 전진하고 있다
선전류는 선간전압보다 30° 나 뒤진다
따라서, 상전압과 선전류는 동상이 된다

 그러면, 전류의 크기도 조사해 보자. 선간전압은
$$\sqrt{3} \times 상전압$$
이었다. 선전류도
$$\sqrt{3} \times 상전류$$
이므로,
$$I_a = \frac{3E_a}{Z}$$
가 된다. 이것은 $\frac{2}{3}$의 부하를 Y결선한 것과 같다.
선전류를 구하는 경우, △결선부하는 $\frac{Z}{3}$의 부하의 Y결선과 같은 값이라고 할 수 있다.

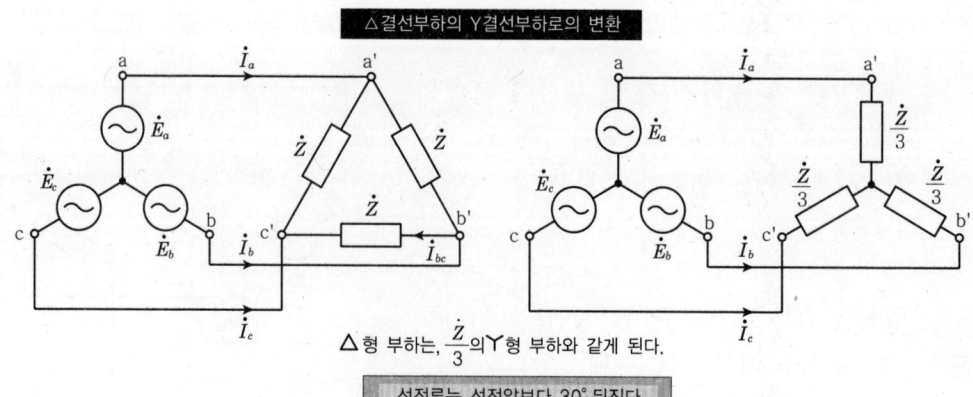

△결선부하의 Y결선부하로의 변환

△형 부하는, $\frac{Z}{3}$의 Y형 부하와 같게 된다.

선전류는 선전압보다 30° 뒤진다

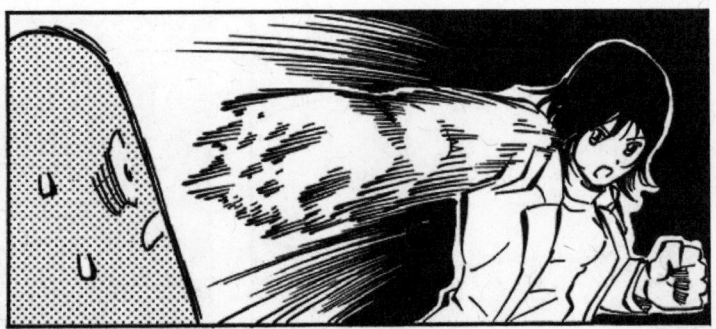

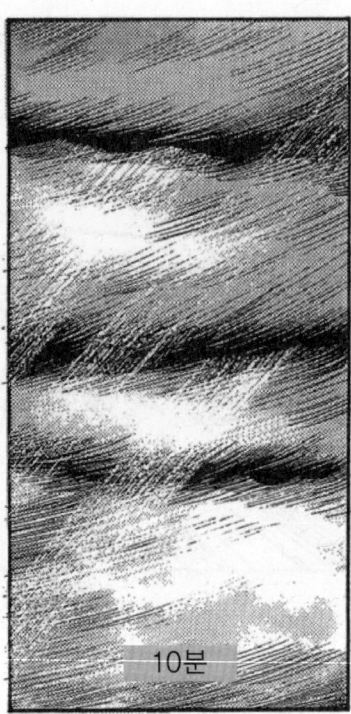

제4장 삼상교류회로

● 가장 간단한 △전원

오늘은, △-Y회로, 즉 대칭 △형 전원에 대칭 Y형 부하를 연결한 경우이다. 이 때, 전원측의 △형을 Y형으로 변환해 생각하면 된다. 즉, 크기가 $\frac{1}{\sqrt{3}}$로 위상차가 30° 늦은 Y형 전원이다. 벡터 그림을 잘 보고 이해하도록.

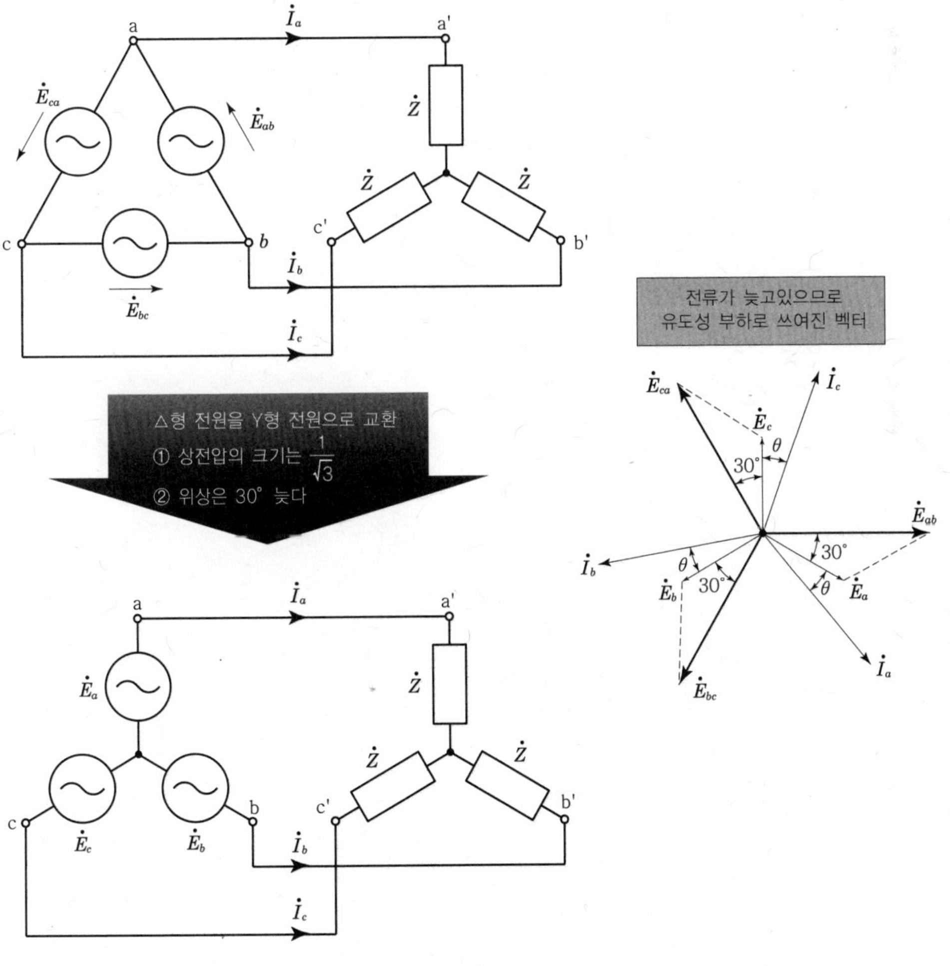

△형 전원을 Y형 전원으로 교환
① 상전압의 크기는 $\frac{1}{\sqrt{3}}$
② 위상은 30° 늦다

전류가 늦고있으므로
유도성 부하로 쓰여진 벡터

마지막으로는 △-△회로, 즉 대칭 △형 전원에 대칭 △형 부하다. 이것도 역시 Y형으로 변환하면,
① 전원은 선간전압의 $\frac{1}{\sqrt{3}}$로, 위상이 30° 느린 상전압이 된다.
② 부하는 $\frac{\dot{Z}}{3}$의 크기의 Y결선

제4장 삼상교류회로 179

전류는 Y-Y로, 상전류=선전류이므로, 선전류는 ①÷②에서,
A=크기 $\sqrt{3}$배로 위상 30° 늦음으로 된다.
이것을 △부하의 상전류로 변환하면 상전류는 선전류의
B=크기 $\frac{1}{\sqrt{3}}$배로 위상 30° 전진이 된다.

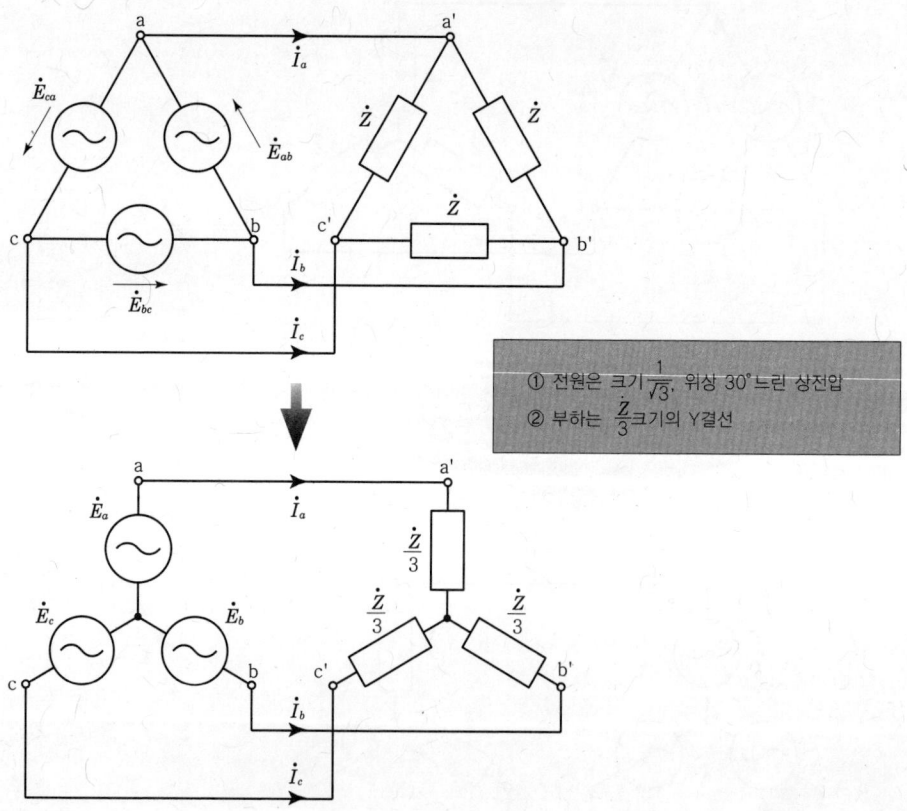

① 전원은 크기 $\frac{1}{\sqrt{3}}$, 위상 30° 느린 상전압
② 부하는 $\frac{\dot{Z}}{3}$크기의 Y결선

△-△결선의 전류를 정리하면 다음과 같다.

△-△결선의 전류

	선전류	상전류(부하치)
크기	전원의 상전류의 $\sqrt{3}$배	$\frac{1}{\sqrt{3}}$배가 된다(원래대로 되돌아간다)
위상	30°늦음	30°전진(원래대로 되돌아간다)

△-△ 회로에서는 단순히 각 부하에 더해져 있는 상전압을, 그 상의 임피던스로 나누면 상전류가 구해진다.

그럼, 삼상교류의 전력에 대해 생각해 보자. 지금까지 배운 것을 이해했다면 기본은 충분해. 삼상교류는 단상교류가 3개 결합된 것이므로, 전력으로써 3개의 단상회로의 전력을, P_a, P_b, P_c로 가정하면, 삼상교류의 전력 P_0은

$$P_0 = P_a + P_b + P_c$$

가 된다.

대칭삼상교류의 경우, 전력 P는

$$P = 3 \times 상전압 \times 선전류 \times \cos\theta (상전압과 상전류의 위상차)$$
$$= 3EI\cos\theta \text{[W]}$$

가 된다.

이것을 선간전압과 선전류로 나타내면 다음 그림과 같다. 실제의 전선로에서도 이것을 사용하는 경우가 많기 때문에 확실히 기억해 둬.

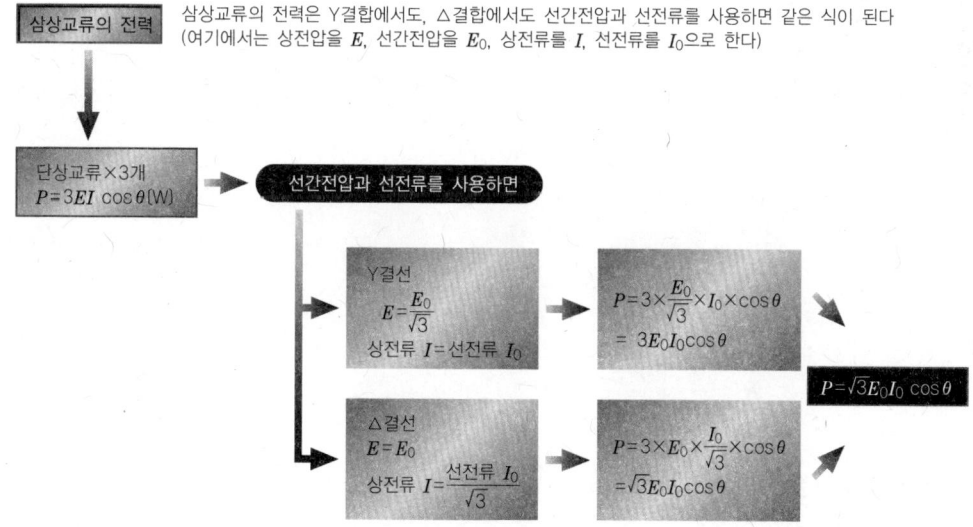

이것으로, 삼상교류의 기초 부분은 거의 이해할 수 있을 거야. 연습문제에 도전해 보겠어?

네! 도전하겠습니다!!

마스터 융의 포스 업 강좌⑤
삼상교류

문제 1

그림 ❶과 같이 △형태에 접속한 저항 r_1, r_2, r_3를 그림 ❷와 같이 Y형 접속에 등가 환산했을 때의 등가저항 R_1을 구하라. 또, 거꾸로 Y형에서 △형으로 접속한 경우의 등가저항 r_1을 구하라.

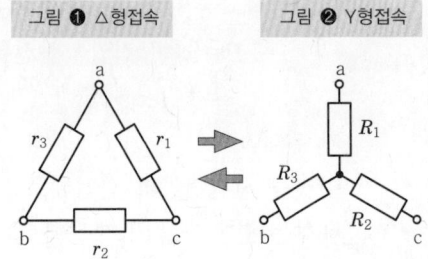

그림 ❶ △형접속   그림 ❷ Y형접속

저 △에서 Y로 변환한 경우군.
△결선을 Y결선으로 변환하는 데에는 단자 ab, bc, ca의 각각에서 본 합성저항은 같기 때문에 다음 식이 성립한다.

$$\text{ab 간} = \frac{r_3(r_1+r_2)}{r_1+r_2+r_3} = R_1+R_3 \cdots\cdots ①$$

$$\text{bc 간} = \frac{r_2(r_1+r_3)}{r_1+r_2+r_3} = R_2+R_3 \cdots\cdots ②$$

$$\text{ca 간} = \frac{r_1(r_2+r_3)}{r_1+r_2+r_3} = R_1+R_2 \cdots\cdots ③$$

$$\therefore R_1 = \frac{r_3 r_1}{r_1+r_2+r_3} \ [\Omega]$$

다음은 Y에서 △로 변환한 경우인가?
Y결선을 △결선으로 변환하는 것은 컨덕턴스로 나타내면 쉽게 이끌어 낼 수 있다. 단자 ab, bc, ca의 각각에서 본 합성 컨덕턴스는 같다고 하고, 비어있는 단자는 순차적으로 하나씩 단락해 계산한다. ab 간을 단락했을 때의 bc 간의 컨덕턴스는

$$\frac{1}{R_3} + \frac{R_1 R_2}{R_1+R_2} = \frac{1}{r_2} + \frac{1}{r_3} \cdots\cdots ④$$

bc 간을 단락했을 때의 ca 간의 콘덕턴스는

$$\frac{1}{R_1} + \frac{R_2 R_3}{R_2+R_3} = \frac{1}{r_1} + \frac{1}{r_3} \cdots\cdots ⑤$$

ca 간을 단락했을 때의 ab 간의 컨덕턴스는

$$\frac{1}{R_2}+\frac{R_3 R_1}{R_1+R_3}=\frac{1}{r_1}+\frac{1}{r_2} \cdots\cdots ⑥$$

식 (⑤+⑥-④)는,

$$2\times\frac{1}{r_1}=\frac{2R_3}{R_1R_2+R_2R_3+R_3R_1}$$

$$\therefore r_1=\frac{R_1R_2+R_2R_3+R_3R_1}{R_3}\ [\Omega]$$

이상. 어때?

잘 풀었어. 드디어 최종 단계야.

문제 2

오른쪽 그림과 같이 상전압 10[kV]의 대칭 삼상교류전원에, 저항 $R[\Omega]$과 유도성 리액턴스 $X[\Omega]$에서 되는 평형삼상부하를 접속한 교류회로가 있다. 평형삼상부하의 전체소비전력이 200[kW], 선전류 $I[A]$의 크기(스칼라 양)가 20[A]일 때, $R[\Omega]$과 $X[\Omega]$의 값을 구하라.

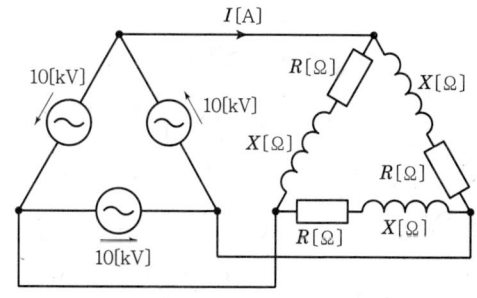

그림에 표시된 것과 같이 △결선의 부하의 상전류 I_s는 선전류 I의 $\frac{1}{\sqrt{3}}$배의 크기이므로

$$I_s=\frac{20}{\sqrt{3}}\ [A]$$

이 된다. 전체소비전력이 200[kW]이므로, 부하 일상분의 유효전력 P_s는

$$P_s=\left(\frac{200}{3}\right)\times 10^3\ [W]$$

이 되고, 부하저항 R은

$$R=\frac{P_s}{I_s^2}$$

$$=\frac{\frac{200\times 10^3}{3}}{\left(\frac{20}{\sqrt{3}}\right)^2}$$

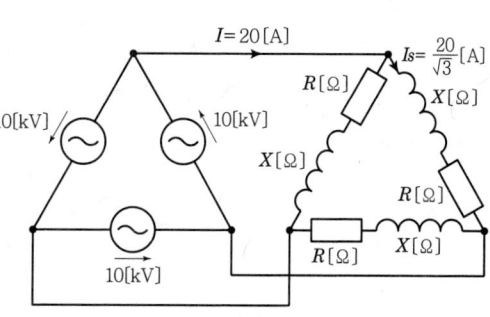

제4장 삼상교류회로 **189**

$$= \frac{1}{2} \times 10^3 = 500 [\Omega]$$

상전압을 E_s로 하면 부하 일상의 임피던스 Z_s는

$$Z_s = \frac{E_s}{I_s}$$
$$= \frac{10 \times 10^3}{\frac{20}{\sqrt{3}}}$$
$$= 500\sqrt{3} \ [\Omega]$$

이 되고 구하는 $X[\Omega]$은

$$X = \sqrt{Z_s^2 - R^2}$$
$$= \sqrt{(500\sqrt{3})^2 - 500^2}$$
$$= 500\sqrt{3-1}$$
$$= 500\sqrt{2} \ [\Omega]$$

이 되네요.

잘했어. 이제 어떤 문제가 나와도 문제없어.

그러면 휴즈군, 준비는 다됐어?

 언제라도 좋아요.

 문제는 이 종이에 쓰여져 있어.
『그림의 부하, 합성 인피던스를 구해봐』

 와! 재미있는 회로네요?
답은 종이에 써도 될까요?

 좋을대로

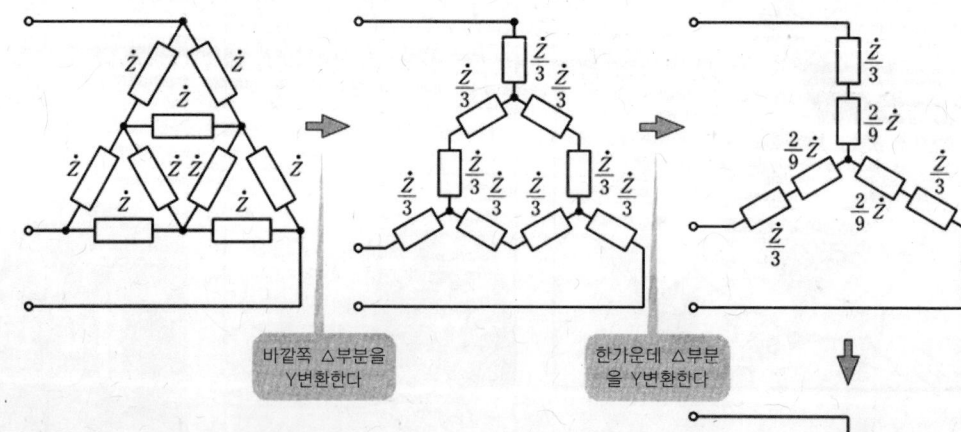

 음. 됐어요. 이 정도면 됐을까요?

제대로 공부했네요. 잘했어요.

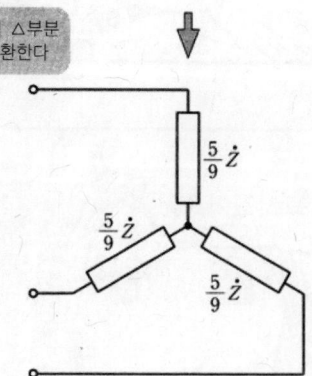

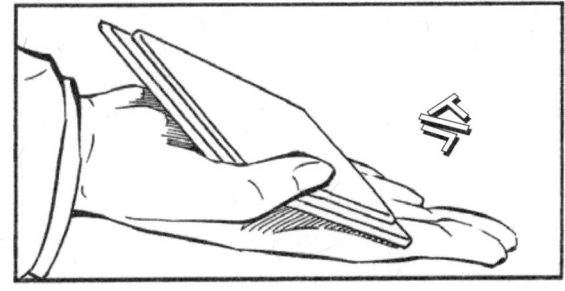

Follow up

▶ 회전자계, 인버터 회로

■ 회전자계

아라고의 원판을 회전시키면, 뒤이어 자석도 회전한다. 자석 혹은 원판을 회전시키면, 자계도 회전한다. 이것이 유도전동기의 원리가 된다. 다음으로 3개의 코일을 120° 간격으로 배치해, 삼상교류를 흐르게 하면, 자계는 전류와 같게 정현파로 변화한다. 이것을 벡터로 나타내면, 일정한 각속도 ω로, 반시계 방향으로 회전한다. 이것을 회전자계라고 한다.

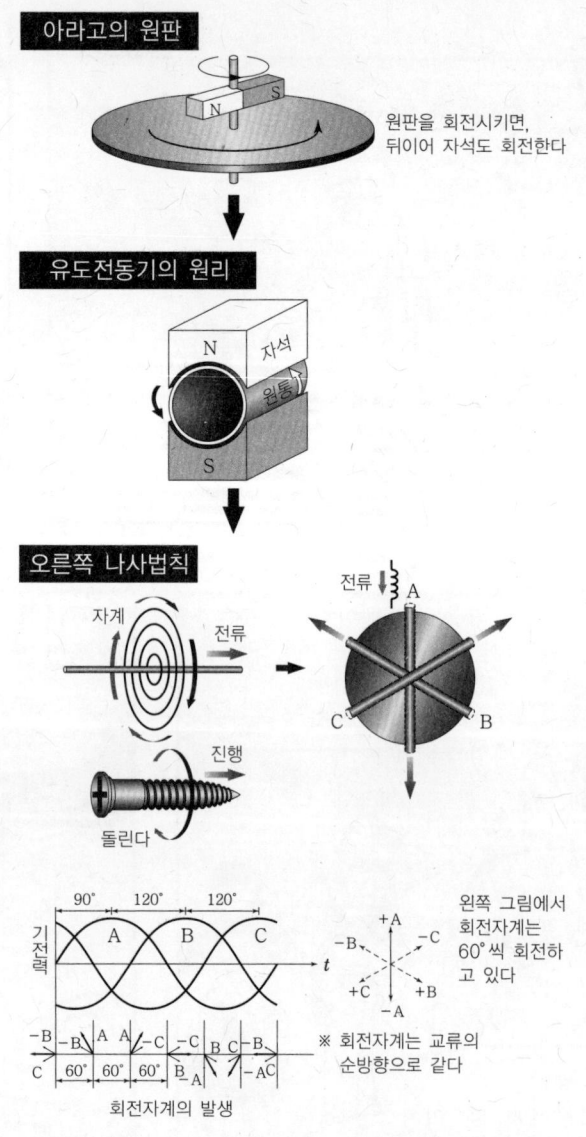

회전자계의 발생

※ 회전자계는 교류의 순방향으로 같다

왼쪽 그림에서 회전자계는 60°씩 회전하고 있다

단상교류 모터가 회전하는 이유

가정의 선풍기 등은 단상교류 모터를 사용하고 있지만, 단상교류가 만드는 자계는 시간적으로 늘어나거나 줄어들거나 하는 교번자계로, 그 상태로는 회전하지 않는다.

그러나, 이 교번자계는 서로 반대 방향으로 회전하는 크기 1/2의 회전자계로 나눌 수 있기 때문에, 외력에 의해 어느 방향으로 시동시키면 그 방향으로 회전한다. 그러므로 이것을 회전시키기 위해「자시동장치」를 부착한다. 자시동장치에는「바림 코일형」「콘덴서 시동형」등 다양한 종류가 있다.

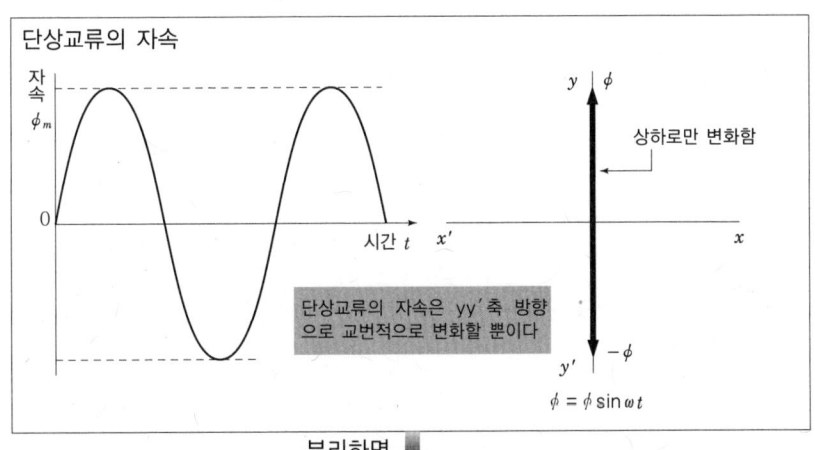

단상교류의 자속은 yy'축 방향으로 교번적으로 변화할 뿐이다

분리하면 ⬇

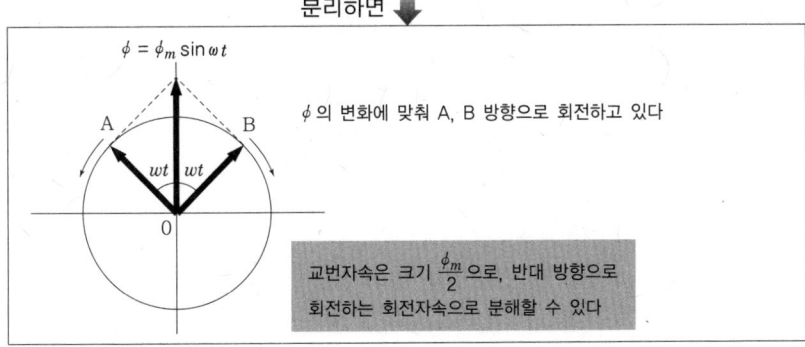

ϕ의 변화에 맞춰 A, B 방향으로 회전하고 있다

교번자속은 크기 $\frac{\phi_m}{2}$으로, 반대 방향으로 회전하는 회전자속으로 분해할 수 있다

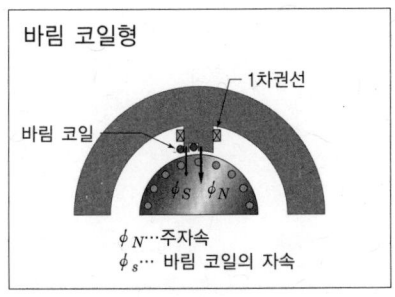

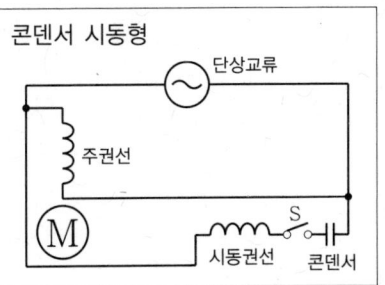

■ 인버터

다이오드는 1방향밖에 전류를 통과시키지 못하기 때문에, 다이오드를 사용한 회로에서는 교류를 직류로 할 수 있다. 이 장치를 정류기(또는 컨버터)라고 한다.

이 정류기를 반대로 사용하면 직류를 교류로 할 수 있다. 이러한 장치를 인버터라고 한다. 인버터는 출력의 교류 주파수를 자유롭게 조정할 수 있기 때문에, 모터의 회전수의 제어 등 에어컨이나 청소기 등의 많은 전기기기에 사용되고 있다.

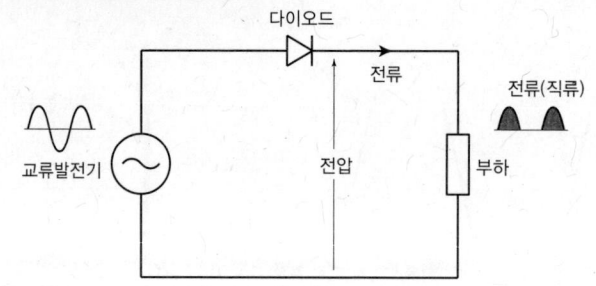

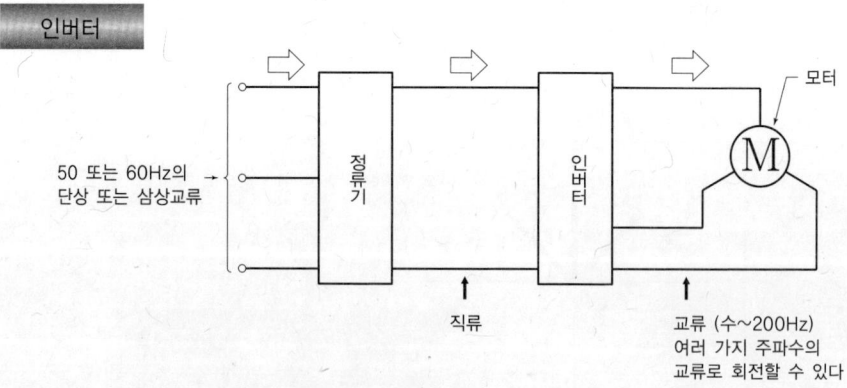

만화로 쉽게 배우는 전기회로

CHAPTER
05

발전·송전

마스터 요타의 포스 업 강좌⑥
발전·송전

여기에서 새롭게 기억할 것은 변압기야. 발전소에서 발전되는 전기는 전압이 그다지 높지 않아. 기껏해야 6.6kV나 11kV정도야. 그것을 멀리까지 송전하기 위해 활약하는 것이 변압기야. 50만V의 송전선도 있어. 일반적으로 발전소에서 표시할 수 있는 능력은 전력량으로, 식으로 나타내면

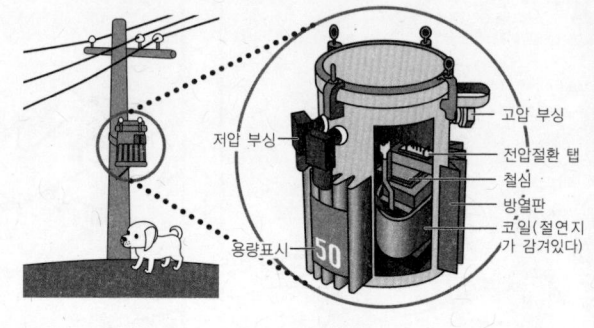

$$P = E \times I$$

가 된다. 즉, 이것을 송전하는 경우, 전압을 높게 하면 전류가 적어진다. 전류가 적어지면, 송전 손실도 적어지기 때문이다. 변압기에서 고전압으로 해서 내보내고, 변압기에서 저압으로 해서 각 부하에 전력을 공급한다. 변압기에서는 다음의 관계가 성립하고 있다. 1차 측 코일의 권선수를 N_1, 2차 측의 권선수를 N_2라고 하면, 2차 측의 전압 E_2는

$$E_2 = \left(\frac{N_2}{N_1}\right) \times E_1$$

(E_1 = 1차 측의 전압)

그 외에, 송전 손실을 막기 위해 송전선에도 다양한 기술을 적용하고 있다. 송전 손실은 주로 전선의 저항에 의한 전력소비가 원인이지만, 이것에도 법칙이 있다. 송전선의 전기 저항은 그 길이에 비례하고, 단면적에 반비례한다. 따라서, 송전 손실을 적게 하기 위해서 송전선의 단면적을 크게 하거나, 내부 저항이 적은 소재를 사용하거나 하는 방안과 함께, 초전도를 이용하는 연구도 행해지고 있다.

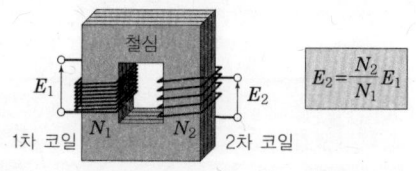

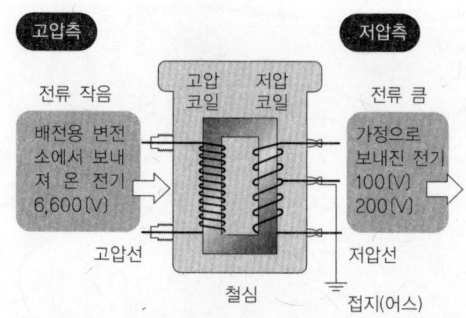

제5장 발전·송전

불평형 삼상회로야. $\dot{E}_0$을 구해!

 그렇게 나오는 거냐! 우~.

 (키르히호프, 키르히호프…)

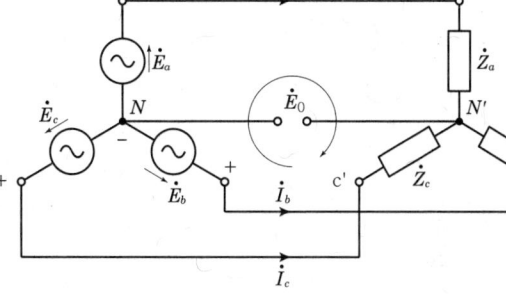

 그래!
키르히호프의 법칙을 사용해서….

$$\left.\begin{array}{l}\dot{I}_a+\dot{I}_b+\dot{I}_c=0 \\ \dot{Z}_a\dot{I}_a-\dot{Z}_b\dot{I}_b=\dot{E}_a-\dot{E}_b \\ \dot{Z}_b\dot{I}_b+\dot{Z}_b(\dot{I}_a+\dot{I}_b)=\dot{E}_b-\dot{E}_c\end{array}\right\}$$ 푸는 것은 당신입니다!

중성점 간의 전압 $\dot{E}_0$는

$$\dot{E}_0=\dot{E}_a-\dot{Z}_a\dot{I}_a$$

이걸로 어때?

밀만의 정리를 사용해서

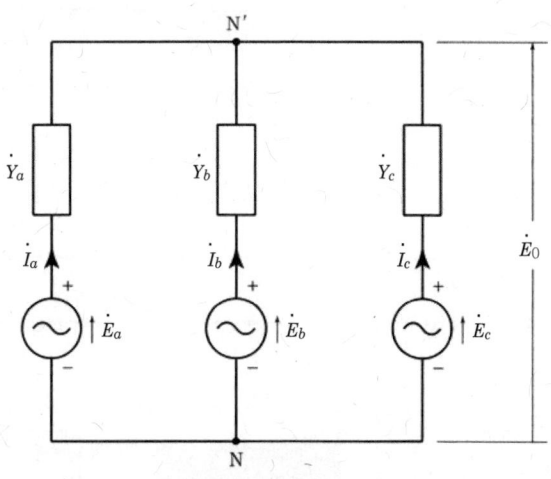

$$\dot{E}_0=\frac{\dot{I}_a+\dot{I}_b+\dot{I}_c}{\dot{Y}_a+\dot{Y}_b+\dot{Y}_c}$$
$$=\frac{\dot{E}_a\dot{Y}_a+\dot{E}_b\dot{Y}_b+\dot{E}_c\dot{Y}_c}{\dot{Y}_a+\dot{Y}_b+\dot{Y}_c}$$

〔밀만의 정리〕

N-N′간의 전압 $\dot{E}_0=\dfrac{\text{N-N′간을 단락했을 때 각 지로의 전력합}}{\text{각 지로의 저항 역수의 합}}$ 〔V〕

Follow up

➡ 송전 시스템

■ 스마트 그리드

스마트 그리드란 화력·수력·원자력 발전에 더해, 풍력·지열·태양광 발전 등 다양화하는 발전설비로의 대응과 가정이나 사무소, 공장 등의 전력소비의 총합적인 컨트롤을 IT기술을 활용한 그리드 제어로 행해, 전력 에너지의 공급과 소비의 최대효율화를 목표로 하는 것이다.

전력수급을 상시 모니터해, 부하변동에 따라 전원전환이나 전력 제어를 순식간에 실행한다. 이 때문에 태양전지나 풍력발전 등의 분산전원을 안정적으로 연계하는 기술도 필요하다. 게다가, 야간에 가정에서의 전기자동차의 충전이나, 배터리에 전력을 저장하는 것도 검토되고 있다. 스마트 그리드에는 장래의 송전시스템에 있어서 에너지의 낭비를 덜고, 최소의 비용으로 인텔리전트한 송전망을 구축하는 것을 목표로 한다.

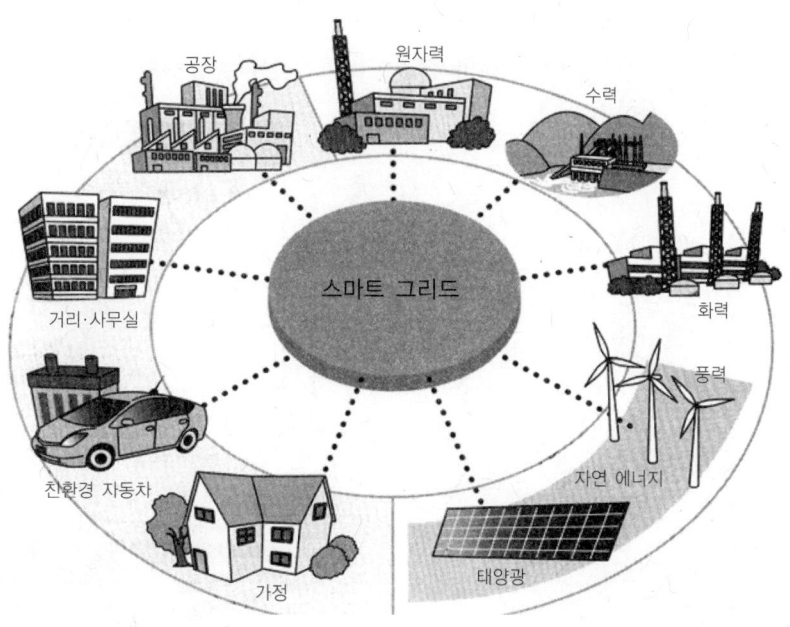

■ 마이크로파 송전기술

마이크로파 송전은 발전소에서 발전한 전력을 종래의 전선을 사용하는 송전선 대신, 마이크로파로 변환해서 휴대전화와 같이 무선으로 송전을 해, 수전점에서 이 마이크로파를 다시 전력으로 변화하는 시스템이다. 이 시스템은 우주태양광 발전시스템으로의 응용을 비롯해, 섬이나 원격지, 나아가 로봇이나 전기자동차로의 전력전송 등에서 응용이 기대되고 있다. 마이크로파 송전시스템은 마이크로파 송전 서브시스템(발신기), 빔 형성제어 서브시스템(고정도의 빔 송전제어장치), 마이크로파 수전정류시스템(수전·정류장치)으로 구성된다. 마이크로파 송전기술은 다양한 응용이 기대되고 있지만, 생체·인체나 자연환경, 기존의 통신시스템 등에 미치는 마이크로파의 영향이나 회피방법 등의 검토가 필요하다.

■ 초전도기술

어느 종류의 금속에서는 온도를 매우 낮춰서 0K(-273℃)부근으로 만들면, 그 저항이 거의 0이 되는 현상이 나타난다. 이러한 현상을 초전도라고 부른다.

초전도체는 기본적으로는 전기저항이 0이기 때문에, 전류를 흘려도 손실이 발생하지 않는다. 이점 때문에 여러 가지 초전도기기가 연구되고 있다. 핵융합이나 자기부상열차에 응용되는 초전도 마그넷, 리니어모터카의 초전도 동기발전기, 초전도 케이블, 초전도 변압기 등이다. 초전도를 이용하면 대전류가 흐를 수 있기 때문에 송전용량 등은 비약적으로 증대함과 동시에 기기의 소형·경량화가 가능하고, 전류의 손실이 없기 때문에 효율이 향상된다. 저온을 유지하기 위한 냉각방식에는 액체헬륨 등이 사용된다.

또, 초전도에 의한 전력저장도 있다. 이것은 인덕턴스 L[H]의 코일에 직류전류 I[A]를 흘리면,

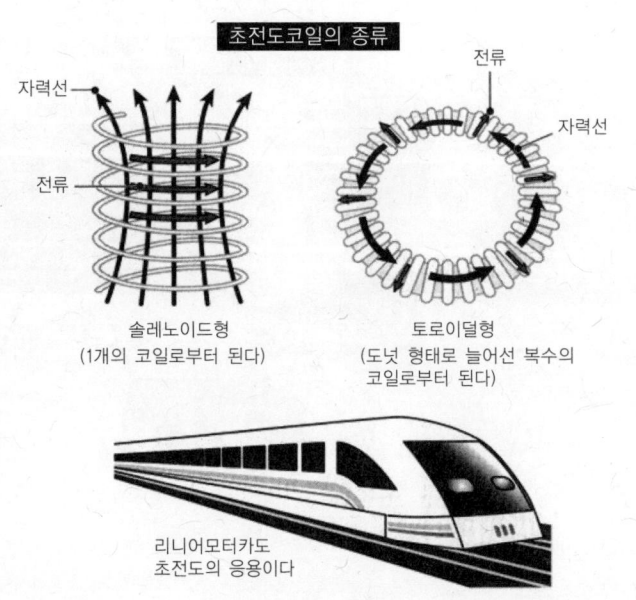

초전도코일의 종류

솔레노이드형
(1개의 코일로부터 된다)

토로이덜형
(도넛 형태로 늘어선 복수의 코일로부터 된다)

리니어모터카도 초전도의 응용이다

$\frac{1}{2}LI^2$ [J]

의 전자기 에너지가 축적되는 것을 이용하는 것도 있다. 코일을 초전도 전선으로 해, 전류를 흘린 상태로 코일의 양 끝을 단락하면, 전류의 손실이 없기 때문에 전류는 영원히 계속 흐르게 된다. 초전도 코일로서는 1개의 코일이 되는 솔레노이드(원통코일)형, 도넛 모양으로 나열된 복수의 코일이 되는 토로이덜형이 있다.

이 초전도 전력저장은 저장효율이 좋고, 또 응답속도가 고속이기 때문에 전력계통의 부하의 평준화, 안정화에 기대를 갖고 있다.

▶ 발전시스템

■ 우주태양광발전

우주태양광발전은 강력한 태양광이 내리쬐는 우주공간에 거대한 태양광전지 패널을 전면에 빈틈없이 깐 태양발전위성(솔라 파워 새틀라이트 : SPS)을 띄워 지상의 전기를 담당하게 하려는 것이다.

태양광 판넬에서 태양광을 전력으로 변화하는 태양전지 발전시스템과, 발전한 전력을 마이크로파로 변환해 지상으로 정확하게 송신해 지상·해상의 안테나로 수신하는 마이크로파 송선시스템으로 구성된다.

우주공간에서의 태양에너지의 이용은 지상에서의 태양에너지 이용과 달리, 낮과 밤 및 기후에 좌우되지 않기 때문에 항상 안정된 전력의 공급이 가능하게 된다. 또한, 전력공급 시에 이산화탄소가 나오지 않기 때문에, 궁극의 클린에너지로서도 기대되고 있다.

필요한 기술로는 우주운송, 대형구조물 조립, 태양광발전, 마이크로파 송전, 반도체기술, 로봇기술, 송배전기술 등이지만 어느 것이나 현재의 기술을 집대성하는 것으로 실현 가능한

것이다.

약 100만 kW급의 전력공급이 가능하며 설비의 크기는 태양전지 판넬이 2km× 4km짜리가 2장, 수전 안테나는 직경 약 10km가 된다. 그리고 실현을 위해서는 우주 운송 비용의 절감이나 발전시스템의 고효율화, 소형·경량화 등의 개발을 진행할 수 있도록 마이크로파 송전기술의 확립이 필요하다.

■ 핵융합발전

원자핵을 서로 충돌시켜서 융합시키는 핵융합은 매우 큰 에너지를 방출한다. 핵융합발전이란 이 에너지를 전력으로 이용하는 것이다.

핵융합은 정(+) 전하를 가진 원자핵들의 결합이기 때문에 서로 반발하고, 심지어 외측에 전자가 존재하고 있기 때문에 간단히는 반응하지 않는다. 가장 일어나기 쉬운 핵융합 반응은 상호의 반발력이 작은 중수소 D와 삼중수소 T의 조합에 의한 것으로, 이 두 개를 1,000km/s정도의 초고속으로 충돌시키면 융합하여 헬륨과 중성자가 발생한다. 이때, 1g의 중수소로 석탄 약 8t분의 팽창한 에너지가 발생한다.

10만 ℃ 이상의 고온 시에 원자핵과 전자가 전리해 독립한 상태가 된 것을 플라즈마라고 하는데, 원자핵을 융합시키기 위해서 플라즈마는 매우 높은 온도에서 견디어 져야 한다. 중수소들에서는 약 6억 ℃, 중수소-삼중수소에서는 1억 ℃정도로 하지 않으면 안된다. 이 때문에 핵융합로의 벽에 접촉하지 않도록 해서 플라즈마를 가둘 필요가 있는데 자기 또는 관성에 의해 가두는 방법이 연구되고 있다.

자기에 의한 대표적인 방법은 토카막형이라고 하며 토로이달 코일이라고 하는 코일과 플

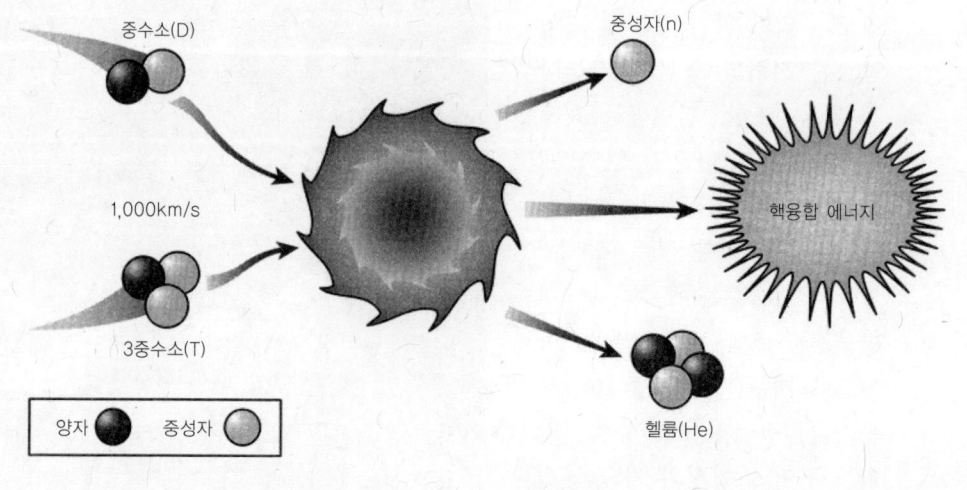

라즈마에 흐르는 환상전류에 의한 합성자계에 따라 플라즈마를 도넛 형태로 환상부에 가두는 방법이다. 이것들은 한 나라의 연구로는 비용면이나 기술적인 과제에서 불가능하고, 현재 국제협력에 의해 진행되고 있다.

■ 연료전지

연료전지는 천연가스, 메탄올, 석탄가스 등의 연료를 리포밍해 얻은 수소(연료)를 공급해, 대기 중의 산소를 물의 전기분해와는 반대 방향으로 전기화학적으로 반응시키는 것에 의해, 직접 발전을 하는 방식이다. 출력이 작은 경우에도 발전효율이 40~60%로 높고, 폐열을 이용하면 총합효율은 80%에까지 가능하다. 연료전지라고 해도 연료를 연소시키기는 것이 아니기 때문에 NO_x(질소산화물)이나 SO_2(이산화유황) 등의 발생이 적어 환경성도 우수하다.

연료전지는 전해질의 차이에 따라 인산형, 용융탄산염형, 고체전해질형, 고체고분자형 등으로 분류된다. 종래 10,000kW급의 대규모의 연료전지의 개발이 진행되고 있지만, 근래에는 가정용·자동차용의 소형 고체고분자형 연료전지의 연구도 진행되고 있다.

■ 태양광발전

태양광발전은 태양전지에 의해 태양에너지를 직접전력으로 변환하는 시스템으로 이동부분이 없고 보수가 쉬워 모듈 구성을 하기 위한 수요나 지형을 고려하여 설계할 수 있는 장점이 있다. 태양전지는 광전지라고도 불리고 광기전력 효과를 이용해 광에너지를 직접전력으로 변환하는 전력기기이다.

주류인 실리콘 태양전지 외에, 다양한 화합물 반도체 등을 소재로 한 것이 실용화되고 있어, 태양광뿐만 아니라 어떤 장소에서도 발전 가능하며 규모의 크기에 관계 없이 효율은 같다. 비용의 절감이나 변환효율의 향상 등의 과제는 있지만, 지구온난화 방지를 위해 적극적으로 개발이 추진되고 있다.

특히, 최근에는 전력회사를 중심으로 한 2만 kW급의 대규모 태양광발전(메가 솔라)이 진행되고 있다.

■ 풍력발전

풍력발전은 바람의 힘(풍력)으로 발전하는 방식이다. 풍력은 깨끗하고 고갈되지 않는 에너지로서, 옛날부터 풍차나 범선 등에 이용되어 왔다. 전력용 풍차로서는 수평축의 프로펠러형이 많이 이용되었지만, 용도에 맞게 수직축(다리우스형, 자이로밀형, 사보니우스형 등)을 이용하는 경우도 있다.

최근에는 대형화의 경향이 있어 2,500kW 클래스가 중심이다. 또, 이후에는 해상의 풍력발전도 검토되고 있다.

풍력발전은 온실효과가스의 배출이 적은 것, 운전용 연료가 불필요하고 지속적으로 이용할 수 있는 것 외에, 경제면에서의 효과 등의 장점이 있지만, 출력이 변동되는 등의 결점도 있어 대책이 필요하다.

수요설비

■ 히트펌프

자연계에 있는 물이나 공기에는 이용할 수 있는 열에너지가 가득 존재하고 있다. 펌프가 물을 끌어올리듯이, 이 열을 적은 에너지로 끌어올려 공조나 급탕에 이용하는 기술이 히트펌프이다.

히트펌프의 원리는 CO_2 등을 냉매로서 압축, 팽창시켜 냉매의 기화나 액화에 동반하는 급격한 온도변화를 이용해서 외부 공기와 열교환을 하는 장치이다.

히트펌프의 효율을 COP(냉난방 등의 능력(kW)/소비전력(kW))이라고 하고, COP4라면 1kW의 전력으로 4kW의 냉난방을 할 수 있다. 이런 점 때문에 히트펌프는 「지구온난화 대책의 비장의 수단」이라고도 일컬어지고 있다.

■ LED 조명

조명기구에는 백열전구나 형광등 등이 있지만, 최근 LED(발광 다이오드)에 의한 조명이 주목받고 있다.

LED의 특징은 긴 수명과 콤팩트하다는 점이다. LED의 수명은 4만 시간 정도가 대부분이고, 하루에 10시간 사용해도 10년간 계속해서 사용할 수 있게 된다. 또한, 콤팩트하기 때문에 다양한 디자인이 가능하다. 그리고 LED에는 자외선이나 적외선의 성분이 거의 포함되어 있지 않기 때문에, 미술품의 조명 등에도 적합하다. 그 외에 저전압으로 점화가 가능하고 조광이 용이하다.

LED는 고출력을 얻기 위해 대전류를 흘리면 발열이 증가해 발광효율이 저하되지만, 최근에는 기술의 진보에 따라 발광효율이 향상되어, 에너지 절약에도 한층 공헌할 것으로 기대되고 있다. 조명이 LED로 바뀌는 날도 멀지않았다고 생각되고 있다.

■ 전력선 인터넷

일반적으로 고속전력선통신(파워라인커뮤니케이션 : PLC)이라고 불리고 있는 것으로, 보통의 전력선에 고속 데이터를 실어 보내는 기술이다. 인터넷으로 가정 내에 있는 여러 가지 기기를 실내배선을 통해 컨트롤하는 것도 가능하다.

원리적으로는 일반 전등선의 정현파 교류에 전력선 반송이라는 정보도 함께 싣는 방식이 대표적인 방법이다. 그리고, 여러 가지 서비스를 제공하기 위해 컴퓨터를 전력량계에 편입시키는 것에 의해 가정 내의 옥내배선을 통해 접속되고 있는 전기제품을 컨트롤하는 것이 가능하게 된다.

전력선 인터넷은 인터넷에 머무르지 않고, 이른바 가정용 네트워크를 옥내배선을 사용해 간단하게 만들 수 있다. 이 외에, 전기나 가스의 자동검침이나 홈 시큐리티, 에너지 절약 정보 서비스 등의 다양한 서비스가 가능하다.

해외에서는 고압선 등에서 일반 가정으로 고속 인터넷 정보를 보내는 수단으로서 개발되고 있지만, 일본에서는 전력선 내의 노이즈나 신호감쇠의 영향에서 현재는 옥내이용만이 허가되고 있다.

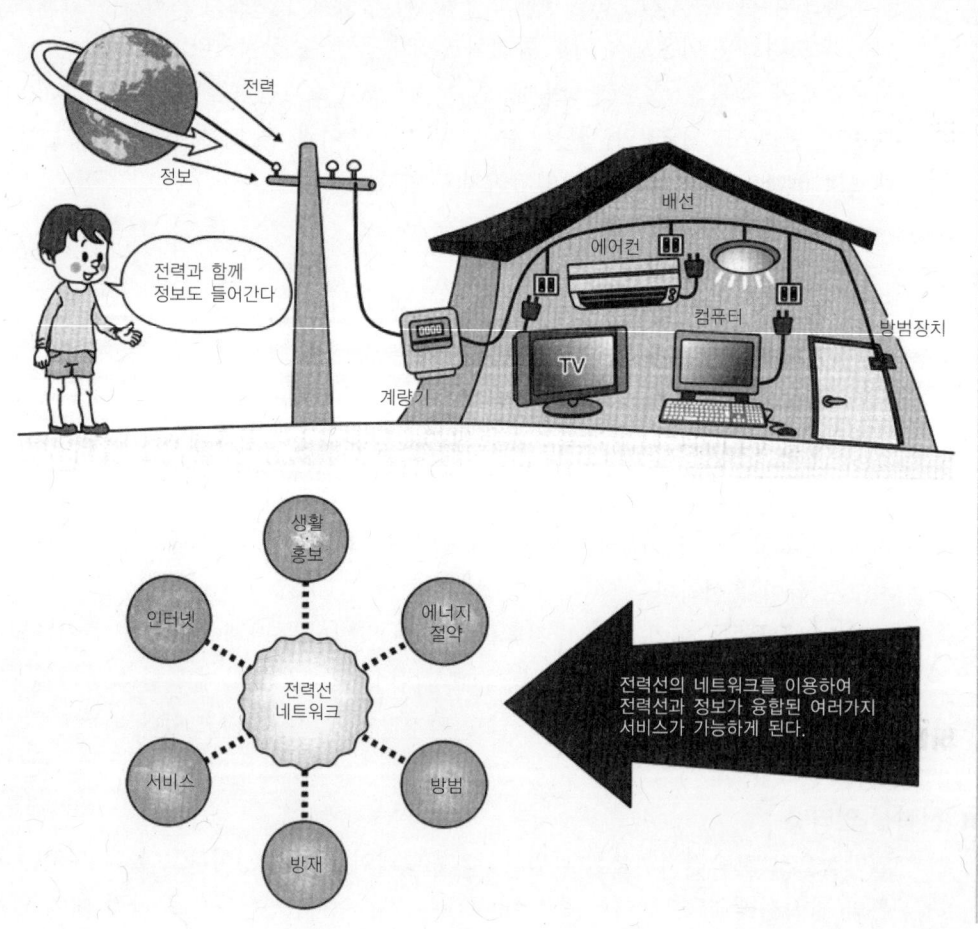

마스터 요타의 포스 업 강좌 ⑦
전기회로 용어

기초편

전하   물질이 전기를 가지는 것을 대전이라고 하고, 그 전기량을 전하라고 한다.

이온   전기를 둘러싼 원자. 원자는 본래는 전기적으로 중성이지만, 전자의 증감에 따라 +전기(양이온), -전기(음이온)를 둘러싼다.

전계   정전력이 활동하는 장소를 말한다. 정전계의 약자.

자계   자력이 활동하고 있는 공간. 자력은 자력선으로 나타내며, N극에서 나와서 S극으로 들어간다.

전자력   자계와 전류가 서로 움직이는 힘을 말한다. 그 힘의 방향은 플레밍의 왼손 법칙에서 결정된다.

전자유도   코일을 통과하는 자속이 변화하면 코일에 기전력이 일어나는 현상. 그 기전력의 방향은 플레밍의 오른손 법칙에 의해 결정된다.

기전력   전위차를 생기게 해, 연속해서 전류를 흘리는 힘을 말한다.

전압   전류를 흘려 전원의 움직임의 크기를 나타내는 양.

전압강하   어느 물질에 전류가 흐르면, 흘러든 지점의 전위보다 흘러나온 지점의 전위는 낮아진다. 이 낮아진 것을 전압강하라고 하고, 양 끝에는 전압강하분의 전위차가 생긴다.

전위   전압 0에 대한 어느 지점의 전압

전위차   어느 두 개의 점 사이에 생기는 전위의 차, 즉 전압의 그것.

전원   부하를 반대말로 전지나 발전기 등, 연속해서 전류를 흘리기 위해 전압을 발생하는 장치를 말한다.

도체   전기를 흐르게 하는 것이 가능한 물질을 말한다. 흐르지 않는 것은 절연체라고 한다.

부하   전력의 공급을 받아 전기적 에너지를 소비하는 것을 말한다.

직렬   전기기구 등을 차례대로 세로로 연결해 가는 방식.

병렬   전기기구의 양 끝을 묶어서 연결해 가는 방식.

교류   가정이나 공장에서 사용하는 전기로, 방향과 크기가 주기적으로 변화하는 전압과 전류를 말한다.

주파수	교류가 1초간에 흐르는 횟수. 일본의 관동에서는 50Hz, 관서에서는 60Hz이다.
주기	교류 1Hz에 필요한 시간을 말한다.
실효치	같은 시간에 있어서, 어느 저항에 교류를 일정시간 통과시켜 발생하는 열에너지와 같은 열에너지를 발생하는 직류의 크기를 그 교류의 실효치라고 한다.

실용편

어스	전기회로나 기기의 일부를 도선으로 연결해, 대지에 접속하는 것(접지라고 한다). 감전방지나 설비의 보안을 목적으로 하고 있다.
가공선	전주 등에 시설된 전선. 또한, 가선이란 전선을 시설하는 것.
송전	발전소에서 수요 장소 근처의 변전소까지 전력을 보내는 일을 말한다.
단락	전위차가 어느 2점이 접속된 것. 쇼트라고도 한다.
지락	전위를 가진 전기회로의 일부가 이상 상태로 대지와 전기적으로 연결되는 것.
배전	배전용 변전소에서 수요 장소까지의 전선로를 말한다.
방전	공기 중을 전류가 흐르는 현상을 말한다. 기체는 기본적으로는 절연체이고 전기가 흐르지 않지만, 전압을 높이거나 하면 전기가 흐른다.
전력계통	전력의 발생부터 소비까지의 경로 전체를 말한다. 발전소, 송전선, 변전소, 배전선 등의 조합이다.
차단기	전력의 운전과 고장 시에 그 부분을 회로로부터 분리하기 위한 장치.
피뢰기	천둥에 의한 전압의 상승으로부터 전력용기기의 피해를 방지하는 장치.
단선	단면이 원형인 것을 1줄 이용하는 전선을 말한다.
연선	단선을 수 개에서 수 십 개 이용한 전선. 이 경우의 단선을 소선이라고 한다.
애자	전선을 전주나 철탑 등의 지지물에 장치하는 경우에, 전선을 지지물로부터 절연하는 장치, 자기나 유리 등으로 된 절연체이다.
허용전류	전선을 손상시키는 일 없이 연속으로 흐를 수 있는 전류의 최대치로, 전선의 물리적인 성질, 전선피복의 허용온도, 전선의 시설상황 등에 의해 결정된다.
과전류	전기기계기구나 전선의 능력 이상의 큰 전류로, 과부하전류와 단락전류가 있다.
퓨즈	과전류로부터 전기기계기구를 보호하기 위한 장치. 과전류가 흐르면 녹아 끊어지는 전선(납이나 납과 주석의 합금 등)으로 되어 있다.
인버터	직류전력을 교류전력으로 변환하는 장치. 에어컨이나 주파수 변환장치에 이용된다.

컨버터　　교류를 직류로 변화하거나, 교류의 주파수를 50Hz에서 60Hz로 변환하는 장치를 말한다.

그리스 문자

전기이론이나 전기회로의 계산에는 그리스 문자가 많이 나온다. 어디선가 봤거나 들어 보거나 한 적이 있는 문자가 많이 나열되어 있지만, 문법을 익힐 필요는 없기 때문에 어렵게 생각하지 말고 익숙하고 친근해지는 것이 우선이다.

대문자	소문자	읽는 법	주요 용도
A	α	알파	각도, 계수, 면적
B	β	베타	각도, 계수
Γ	γ	감마	각도, 비중, 도전율
Δ	δ	델타	최소변화, 밀도
E	ε	입실론	(소문자) 자연대수의 변=2.71828, 최소량, 유전율
Z	ζ	제타	(대문자) 인피던스, 수직축
H	η	에타	(소문자) 효율, 히스테리시스계수
Θ	θ	쎄타	각도, 위상차, 시정수
I	ι	요타	
K	κ	카파	(소문자) 유전율
Λ	λ	람다	(소문자) 도전율, 파장
M	μ	뮤	(소문자) 투자율, 진공관증폭율, 마이크로의 줄임말
N	ν	뉴	(소문자) 자기저항율
Ξ	ξ	크사이	
O	o	오미크론	
Π	π	파이	원주율(3.14159…), 각도
P	ρ	로우	저항률
Σ	σ	시그마	(대문자) 수의 합을 나타냄, (소문자) 도전율
T	τ	타우	시정수, 위상의 시간적으로 맞지않을 때, 토크
Y	υ	입실론	
Φ	ϕ	화이	(대문자) 자속, (소문자) 유전속
X	χ	카이	(대문자) 리액턴스
Ψ	ψ	프사이	유전속, 위상차, 각속도
Ω	ω	오메가	(대문자) 저항의 단위기호, (소문자) 각속도=$2\pi f$

전기회로의 단위

모든 나라가 채용하는 하나의 실용적인 단위 제도로서 결정된 것이 미터법이다. 미터법은 국제단위계라고 하고, SI단위라고도 한다.

SI단위에는 먼저 기본단위 7개와 보조단위 2개가 있다. 보조단위는 위상각 등 평면각을 나타내는 리디안(rad)과 3차원의 위체각을 나타내는 스테라디안(sr)가 있다. 다음으로 이 기본단위와 보조단위를 합친 조립단위가 있고, 조립단위 중에 발견자 등의 고유의 명칭을 붙인 것이 17개 있다. SI단위계는 그 크기에 맞게 필요에 따라 접두어라고 하는, 10의 정수 승배를 붙여서 나타낸다. 즉 1m의 1,000배는 1km라고 하는 상태에 1,000배를 나타내는 「k(킬로)」를 붙인다. 최근 화제의 나노 기술의 나노는 10^{-9}, 즉 1/1,000,000,000으로 10억 분의 1이라고 하는 크기를 나타낸다.

전기단위의 구조는 아래와 같이 정의되고 있다.

1볼트〔V〕   1A의 불변전류가 1초간에 운반하는 전기량.

1패럿〔F〕   1C의 전기량을 충전했을 때에, 양전극 간에 1V의 전압을 만드는 콘덴서의 정전용량.

1헨리〔H〕   1A/s의 비율로 일정하게 변화하는 전류가 흐를 때에 1V의 기전력을 발생하는 폐회로의 인덕턴스.

1웨버〔Wb〕   1회 감긴 폐회로를 뚫는 자기력선속이 균일하게 감소하여 1초 후에 0으로 될 때, 그 폐회로에 1V의 기전력을 생기게 하는 자기력선속.

1바〔var〕   전기회로에 1V의 정현파 전압을 가했을 때, 이것과 위상이 $\pi/2$로 다른 1A의 정현파 전류가 흐를 때의 무효전력의 크기.

1볼트암페어〔VA〕 전기회로에 1V의 정현파전압을 더할 때에, 1A의 정현파전류가 흐르는 경우의 피상전력의 크기.

전기회로의 그림기호

전기회로에 사용하는 그림 기호는 JIS C 0617로 결정되어 있다. 대표적인 기호를 표시하고 있기 때문에, 스스로 그릴 수 있도록 하자.

그림 기호	설명
⎓	직류
∿ ∿ 50Hz ∿ 100...600kHz	교류 (예) 교류 50Hz 교류주파수범위 100~600kHz
⏚	접지(일반기호)
⏛	프레임접지, 샤시 프레임 또는 섀시를 나타내는 선을 크게 해서 사선을 생략
⊖	이상전류원
⊕	이상전압원
↯	고장(상정된 고장지점)
⊤↯	섬락, 파괴
•	접속점, 접속개소
○	단자
(M 3~)	3상유도전동기
(∗) (예) (V) (전압계)	지시계기 마스터리스크는 다음 중 한가지로 치환한다. • 계측량 단위를 표시하는 문자기호 또는 단위의 배수 혹은 약수. • 계측량을 표시하는 문자기호　• 화학식　• 그림기호
(A)	전류계
(↑)	검류계
(W)	전력계
(Ω)	저항계

(JIS C 0617 발췌)

그림 기호	설명
⊗	램프 IN : 백열 Ne : 네온 EL : 형광 Hg : 수은
	반도체다이오드(일반 그림 기호)
	발광다이오드 LED(일반 그림 기호)
	저항기(일반 그림 기호)
	가변저항기
	콘덴서(커패시터)
	가변콘덴서(커패시터)
	인덕터, 코일, 권선, 쵸크(리액터) (예) 자심이 들어간 인덕터
양식 1 양식 2	2권선변압기 (예) 2권선변압기(순시전압극성을 나타낸 경우)
양식 1 양식 2	3권선변압기
	1차전지, 2차전지, 1차전지 또는 2차전지 [긴 선이 양극(+)를 표시하고, 짧은 선이 음극(-)를 표시한다]
	퓨즈(일반 그림 기호)
	퓨즈 부착 개폐기
	퓨즈 부착 단로기
	방전갭
	피뢰기

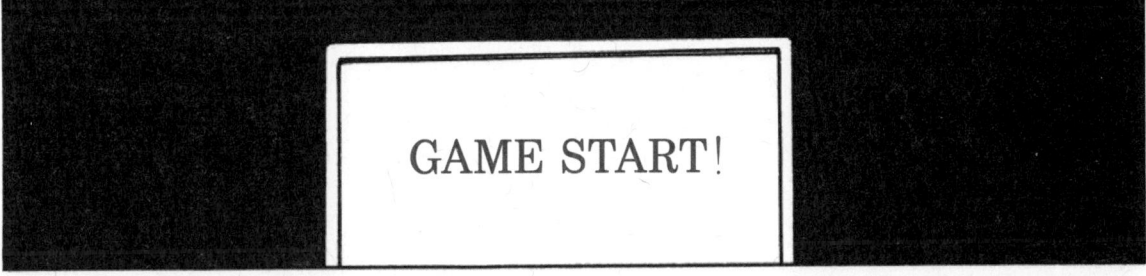

찾아보기

기호·영숫자

2배각의 공식	146
ε(입실론)	148
LED조명	215
Y(스타형)	165
Y-△결선	169
Y결선	168
Y-Y결선	169
△(델타형)	165
△-△결선의 전류	180
△결선	168

◎ ㄱ ◎

가공선	218
가법정리	146
거치상파	80
공액복소수	149
공진주파수	157
공진회로	157
과전류	218
교류	80, 217, 221
교류전력	135, 145, 151
교류회로	113
교류회로의 임피던스	157
구형파	80
극좌표	100
기전력	217

◎ ㄷ ◎

다상교류	165
다이오드	196
단락	218
단상교류의 자속	195
단선	218
대칭 삼상교류	165
도체	217
등가회로	56, 57, 58

◎ ㅁ ◎

마이크로파 송전기술	210
물의 전기분해	25
밀만의 정리	207

◎ ㅂ ◎

바	220
바림 코일	195
발전·송전	197, 202
발전기	80
발전시스템	211
방전	218
배선	39
배전	218
벡터	96, 100, 121
벡터 그림	166
벡터 오퍼레이터	166
벡터량	96
변압기	202
병렬	217
병렬회로	40
복소수	96, 100
볼트	220
볼트암페어	220

부하	39, 217

◘ㅅ◘

삼각법	100
삼각파	80
삼각함수	145
삼상교류	164, 165, 166, 188
삼상교류의 전력	181, 187
상전류	180
상전압	168
서셉턴스	120
선간전압	168
선전류	180
성형	165
솔레노이드형	210
송전	218
송전 시스템	209
수요설비	215
순시치	92
스마트 그리드	209
스칼라양	96
실효치	83, 149, 218
실효치를 구하는 방법	94
실효치의 사고방식	93
실효치의 정의	94

◘ㅇ◘

아라고의 원판	194
애자	218
어드미턴스	101, 120
어스	218
역률	147, 148
역률각	148
연료전지	213

연선	218
오른쪽나사 법칙	113, 194
오일러의 공식	98
오일러의 법칙	100
옴의 법칙	41
용량 리액턴스	118, 119
우주 태양광발전	211
원자	19
원자핵	19
원형자계	113
웨버	220
위상차	96, 121
유도 리액턴스	115
유도전동기의 원리	194
유효전력	147
이온	217
인덕턴스	113
인버터	196, 218
인피던스	101, 120, 148
인피던스 각	148

◘ㅈ◘

자계	113, 217
자기 인덕턴스	114
자기유도	114
자기유도 기전력	114
자기유도 작용	114
자시동장치	195
자유전자	19
전계	217
전기회로	21, 39
전력	148
전력계통	218
전력량	73

전력선 인터넷	215	직류	221
전력의 벡터표시	149	직선자계	113
전류	21		
전류보존의 법칙	60, 168	◎ ㅊ ◎	
전류의 발열작용	21	차단기	218
전류의 자기작용	22	초전도 기술	210
전류의 화학작용	24	초전도 밀도	210
전선	167	최대전력의 정리	152
전압	217		
전압강하	217	◎ ㅋ ◎	
전압강하의 법칙	60, 168	캐퍼시턴스	117
전원	39, 217	컨덕턴스	73, 120
전위	217	컨버터	196, 219
전위차	217	콘덴서	117
전자계	217	콘덴서 시동형	195
전자유도	76, 217	쿨롱	117
전자파	114	키르히호프의 법칙	57, 60
전하	217		
정류기	196	◎ ㅌ ◎	
정전용량	117	태양광발전	213
정전유도	19	테브난의 정리	157, 159
정지벡터	97	토로이덜형	210
정현파	80		
정현파교류	81	◎ ㅍ ◎	
제어장치	39	패러디의 법칙	114
주기	218	패럿	220
주파수	218	평균치	83, 92
줄 열	22	풍력발전	213
중성자	19	퓨즈	218
중첩의 정리	74, 158	플래밍의 오른손 법칙	80
지락	218	피뢰기	218
지멘스	120	피상전력	147
직렬	217	피타고라스의 정리	146
직렬회로	28, 39		

◎ ㅎ ◎

합성저항	43
핵융합발전	212
허수단위	97
허용전류	218
헨리	220
호도법	81
환상형	165
회로	39
회전벡터	97
회전자계	194
휘트스톤 브리지	73
히트펌프	215

〈저자약력〉

이이다 요시카스(飯田 芳一)
동경전력학원 대학부졸업
현재 (재)관동전기보안협회 기술개발 업무에 종사
제1종 전기주임 기술자

〈주요 저서〉
なるほどナットク 電氣回路ガわかる本
電驗二種 徹底硏究 法規
電驗二種 二次試驗の徹底硏究 (共著)
電驗三種 法規問題の徹底硏究
ひとりで學べる電驗三種
이상 옴(OHM)사

〈제작 시나리오〉
주식회사 펄스크리에이티브하우스
1972년 창업, 편집·디자인프로덕션으로서 교과서, 학습참고서 등 교육분야를 중심으로 활동, 현재는 분야 불문하고 잡지, 무크지, 일반물 등 다수에 걸쳐 기획에서 편집, 디자인, 제작까지 토털시스템으로 도서를 만들고 있다.

만화로 쉽게 배우는 시리즈

만화로 쉽게 배우는 **유체역학**

다케이 마사히로 지음
김영탁 번역
200쪽 / 18,000원

만화로 쉽게 배우는 **재료역학**

스에마스 히로시, 나가시마 토시오 지음
김순채 감역 / 김소라 번역
240쪽 / 18,000원

만화로 쉽게 배우는 **토질역학**

카노 요스케 지음
권유동 감역 / 김영진 번역
284쪽 / 18,000원

만화로 쉽게 배우는 **콘크리트**

이시다 테츠야 지음
박정식 감역 / 김소라 번역
190쪽 / 18,000원

만화로 쉽게 배우는 **측량학**

쿠리하라 노리히코, 사토 야스오 지음
임진근 감역 / 이종원 번역
188쪽 / 18,000원

만화로 쉽게 배우는 **전기수학**

다나카 켄이치 지음
이태원 감역 / 김소라 번역
268쪽 / 18,000원

만화로 쉽게 배우는 **전기**

소노다 마사루 지음
주홍렬 감역 / 홍희정 번역
224쪽 / 18,000원

만화로 쉽게 배우는 **전기회로**

이이다 요시카즈 지음
손진근 감역 / 양나경 번역
240쪽 / 18,000원

만화로 쉽게 배우는 **전자회로**

다나카 켄이치 지음
손진근 감역 / 이도희 번역
184쪽 / 18,000원

만화로 쉽게 배우는 **전자기학**

엔도 마사모리 지음
신익호 감역 / 김소라 번역
264쪽 / 18,000원

만화로 쉽게 배우는 **발전·송배전**

후지타 고로 지음
오철균 감역 / 신미성 번역
232쪽 / 18,000원

만화로 쉽게 배우는 **전기설비**

이가라시 히로카즈 지음
이상경 감역 / 고운채 번역
200쪽 / 18,000원

만화로 쉽게 배우는 **시퀀스 제어**

후지타카 카즈히로 지음
김원회 감역 / 이도희 번역
212쪽 / 18,000원

만화로 쉽게 배우는 **모터**

모리모토 마사유키 지음
신미성 번역
200쪽 / 18,000원

만화로 쉽게 배우는 **디지털 회로**

아마노 히데하루 지음
신미성 번역
224쪽 / 18,000원

만화로 쉽게 배우는 **전지**

후지타카 카즈히로, 사토 유이치 지음
김광호 감역 / 김필호 번역
200쪽 / 18,000원

※ 정가는 변동될 수 있습니다.

만화로 쉽게 배우는
전기회로
원제 : マンガでわかる 電氣回路

```
2011.  11.  21.  초      판 1쇄 발행
2013.   1.  30.  초      판 2쇄 발행
2014.   2.   3.  초      판 3쇄 발행
2015.   4.   3.  초      판 4쇄 발행
2016.   4.  12.  초      판 5쇄 발행
2017.   7.  18.  수정 1판 1쇄 발행
2018.   7.  11.  수정 1판 2쇄 발행
2019.   8.  19.  수정 1판 3쇄 발행
2022.  10.   5.  수정 1판 4쇄 발행
2025.  10.  22.  수정 1판 5쇄 발행
```

지은이 | 이이다 요시카즈(飯田 芳一)
역　자 | 양나경
그　림 | 야마다 가레키(山田ガレキ)
제　작 | Pulse Creative House
펴낸이 | 이종춘
펴낸곳 | BM (주)도서출판 성안당

주소 | 04032 서울시 마포구 양화로 127 첨단빌딩 3층(출판기획 R&D 센터)
10881 경기도 파주시 문발로 112 파주 출판 문화도시(제작 및 물류)
전화 | 02) 3142-0036
031) 950-6300
팩스 | 031) 955-0510
등록 | 1973. 2. 1. 제406-2005-000046호
출판사 홈페이지 | www.cyber.co.kr
ISBN | 978-89-315-8269-7 (17560)
정가 | 18,000원

이 책을 만든 사람들
책임 | 최옥현
진행 | 김해영, 김지민
전산편집 | 김인환
표지 디자인 | 박현정, 박주연
홍보 | 김계향, 임진성, 김주승, 최정민, 이해솔
국제부 | 이선민, 조혜란
마케팅 | 구본철, 차정욱, 오영일, 나진호, 강호묵
마케팅 지원 | 장상범
제작 | 김유석

이 책은 Ohmsha와 BM (주)도서출판 성안당의 저작권 협약에 의해 공동 출판된 서적으로, BM (주)도서출판 성안당 발행인의 서면 동의 없이는 이 책의 어느 부분도 재제본하거나 재생 시스템을 사용한 복제, 보관, 전기적·기계적 복사, DTP의 도움, 녹음 또는 향후 개발될 어떠한 복제 매체를 통해서도 전용할 수 없습니다.

■ 도서 A/S 안내

성안당에서 발행하는 모든 도서는 저자와 출판사, 그리고 독자가 함께 만들어 나갑니다.
좋은 책을 펴내기 위해 많은 노력을 기울이고 있습니다. 혹시라도 내용상의 오류나 오탈자 등이 발견되면 **"좋은 책은 나라의 보배"**로서 우리 모두가 함께 만들어 간다는 마음으로 연락주시기 바랍니다. 수정 보완하여 더 나은 책이 되도록 최선을 다하겠습니다.
성안당은 늘 독자 여러분들의 소중한 의견을 기다리고 있습니다. 좋은 의견을 보내주시는 분께는 성안당 쇼핑몰의 포인트(3,000포인트)를 적립해 드립니다.
잘못 만들어진 책이나 부록 등이 파손된 경우에는 교환해 드립니다.